新农村建设丛书

豆制品加工技术

林松毅　主编

吉林出版集团股份有限公司

吉林科学技术出版社

图书在版编目（CIP）数据

豆制品加工技术/林松毅主编.
—长春：吉林出版集团股份有限公司，2007.12
（新农村建设丛书）
ISBN 978-7-80762-010-5

Ⅰ．豆… Ⅱ．林… Ⅲ．大豆－豆制食品－食品加工
Ⅳ．TS214.2

中国版本图书馆 CIP 数据核字（2007）第 187159 号

豆制品加工技术

DOUZHIPIN JIAGONG JISHU

主编　林松毅
责任编辑　林　丽
出版发行　吉林出版集团股份有限公司　吉林科学技术出版社
印刷　三河市祥宏印务有限公司
2007 年 12 月第 1 版　　　　2018 年 10 月第 40 次印刷
开本　850×1168mm　1/32　　印张　4　字数　95 千
ISBN 978-7-80762-010-5　　定价　16.00 元
社址　长春市人民大街 4646 号　　邮编　130021
电话　0431－85661172　　　　传真　0431－85618721
电子邮箱　xnc408@163.com

《新农村建设丛书》编委会

豆制品加工技术

主　编　林松毅

副主编　刘静波　张铁华　武　军

编　者　于亚莉　王作昭　刘静波　庄　红

　　　　邢贺钦　张鸣镝　张铁华　庞　勇

　　　　林松毅　武　军　宫新统　高　峰

　　　　潘风光

出版说明

　　《新农村建设丛书》是一套针对"农家书屋""阳光工程""春风工程"专门编写的丛书,是吉林出版集团组织多家科研院所及千余位农业专家和涉农学科学者倾力打造的精品工程。

　　丛书内容编写突出科学性、实用性和通俗性,开本、装帧、定价强调适合农村特点,做到让农民买得起,看得懂,用得上。希望本书能够成为一套社会主义新农村建设的指导用书,成为一套指导农民增产增收、脱贫致富、提高自身文化素质、更新观念的学习资料,成为农民的良师益友。

目　录

第一章　概　　述

第一节　大豆子粒的结构

　　大豆荚脱去其果荚后即为大豆子粒，有球形、扁圆形等。大豆子粒是典型的双子叶无胚乳种子，外层为种皮，其内为胚，种皮和胚之间为胚乳残存组织，成熟的大豆种子是由种皮和胚两部分组成的。

　　1. 种皮　位于大豆子粒的外层，约占整个大豆子粒重量的8%，是由胚珠发育而成的，对种子具有保护作用。大多数大豆品种的种皮表面光滑，有的有蜡粉或泥膜。种皮呈不同颜色，如黄、褐、青、黑等，其上还附有种脐、种孔和合点等结构。不同品种种脐的形态、颜色、大小略有差别。在种脐下部有一凹陷的小点称为合点，是珠柄维管束与种胚连接处的痕迹。脐上端可明显地透视出胚芽和胚根的部位，二者之间有一个小孔眼，种子发芽时，幼小的胚根由此小孔伸出，故称此小孔为种孔或珠孔、发芽孔。

　　大豆种子的种皮从外向内由4层形状不同的细胞组织构成。

　　(1) 栅状细胞组织　种皮的最外层为栅状细胞组织，由一层似栅栏状并且排列整齐的长条形细胞组成，细胞长40~60微米，外壁很厚，为外皮层。其最外层为角质层，其中有一条明线贯穿，决定种皮颜色的各种色素就在栅状细胞内。栅状细胞较坚硬并且互相排列紧密，一般情况下水较易透过，但若栅状细胞间排列过分紧密时，水便无法透过，使大豆子粒成为"石豆"或"死豆"，这种大豆几乎不能加工利用。

（2）圆柱状细胞组织　靠近种皮的栅状细胞是圆柱状细胞组织，由两头较宽而中间较窄的细胞组成，长 30～50 微米，细胞间有空隙。当进行泡豆处理时，这些圆柱状细胞膨胀极大，使大豆体积增大。

（3）海绵组织　圆柱状细胞组织的再里一层是海绵组织，是由 6～8 层薄细胞壁的细胞组成，间隙较大，泡豆处理时吸水剧烈膨胀。

（4）糊粉层　种皮的最里层是糊粉层，是由类似长方形细胞组成，壁厚，而且还含有一定的蛋白质、糖、脂肪等成分。对于没有完全成熟的大豆子粒，其种皮的最里层（糊粉层之下）是一层压缩胚乳细胞。

大豆种皮除糊粉层以外都含有一定量的蛋白质和脂肪，其他部分几乎都由纤维素、半纤维素、果胶质等物质组成，食品加工中一般将其作为豆渣除去。

2. 胚　大豆子粒中胚是由胚根、胚轴（茎）、胚芽和两枚子叶共 4 部分组成。胚根、胚轴和胚芽 3 部分约占整个大豆子粒重量的 2%。大豆子叶是大豆主要的可食部分，其重量约占整个大豆子粒的 90%。子叶的表面是由近似正方形的薄壁细胞组成的表皮，其下面有 2～3 层稍呈长形的栅状细胞，栅状细胞的下面为柔软细胞，它们都是大豆子叶的主体。在超显微镜下可以观察到子叶细胞内白色的细小颗粒和黑色团块。白色的细小颗粒称为圆球体，直径为 0.2～0.5 微米，内部蓄积有中性脂肪；黑色团块称为蛋白体，直径为 2～20 微米，其中主要为蛋白质。

大豆的胚根、胚轴、胚芽、子叶主要以蛋白质、脂肪、糖为主，富含异黄酮和皂苷。大豆子叶是由蛋白质、脂肪、碳水化合物、矿物质和维生素等主要成分构成。

第二节 大豆的化学组成

大豆富含营养物质，约含有蛋白质 40％、脂肪 20％、水分 10％、纤维 5％和灰分 5％。大豆中两种人体必需脂肪酸——亚油酸和亚麻酸在大豆中的含量比较高，对治疗老年人心血管疾病有一定效果。大豆中还含有能促进人体激素分泌的维生素 E 和大豆磷脂，对延迟衰老和增强记忆力有一定作用。此外，大豆中铁、磷等多种元素的含量也比较丰富，而这些元素对维持人体健康有重要作用。

一、蛋白质

大豆中蛋白质含量位居植物性食品原料的含量之首，是小麦、大米等谷类作物中蛋白质含量的 2 倍以上，属完全蛋白质，其组成蛋白质的氨基酸有 18 种之多，其中含有 8 种必需氨基酸，且比例比较合理，氨基酸含量与动物蛋白相似，特别是赖氨酸含量可以与动物蛋白相媲美，接近鸡蛋的水平，而蛋氨酸和胱氨酸含量低于动物蛋白。表 1－1 所示为大豆蛋白质及其制品中氨基酸的组成。

表 1－1　大豆蛋白质及其制品中氨基酸的组成(单位:质量分数％)

氨基酸	FAO/WHO推荐值	大豆蛋白质	大豆球蛋白	大豆浓缩蛋白	大豆分离蛋白	大豆粕粉
异亮氨酸	4.0	4.2	6.0	4.8	4.9	5.1
亮氨酸	7.0	9.6	8.0	7.8	1.7	7.7
赖氨酸	5.5	6.1	6.8	6.3	6.1	6.9
蛋氨酸	3.5	2.4	1.7	1.4	1.1	1.6
胱氨酸	3.5	2.4	1.9	1.6	1.0	1.6

续表

氨基酸	FAO/WHO推荐值	大豆蛋白质	大豆球蛋白	大豆浓缩蛋白	大豆分离蛋白	大豆粕粉
苏氨酸	4.0	4.3	3.9	4.2	3.7	4.3
色氨酸	1.0	1.2	1.4	1.5	1.4	1.3
缬氨酸	5.0	4.8	5.3	4.9	4.8	5.4
苯丙氨酸	6.0	9.2	5.3	5.2	5.4	5.0
酪氨酸	6.0	9.2	4.0	3.9	3.7	3.9
甘氨酸	—	—	4.0	4.4	4.6	4.5
丙氨酸	—	—	3.3	4.4	3.9	4.5
丝氨酸	—	—	4.2	5.7	5.5	5.6
精氨酸	—	—	7.3	7.5	7.8	8.4
组氨酸	—	—	2.9	2.7	2.5	2.6
天门冬氨酸	—	—	3.7	12.0	11.9	12.0
谷氨酸	—	—	18.4	19.8	20.5	21.0
脯氨酸	—	—	5.0	5.2	5.3	6.3

1. 大豆蛋白 大豆中的蛋白质大部分存在于子叶中，其中 $80\% \sim 88\%$ 溶于水，一般称这部分为水溶性蛋白质。水溶性蛋白质又根据溶解性不同分为球蛋白和白蛋白两部分。

大豆中蛋白质根据其在子粒中所起的作用不同一般可分为贮存蛋白、结构蛋白和生物活性蛋白，其中贮存蛋白是大豆蛋白的主体，作为食物时也是主要利用大豆中的贮存蛋白。这些蛋白颗粒尽管其周围虽有磷脂质膜，但磷脂质膜容易破裂，所以能够利用水抽提法提取。

大豆蛋白生物活性主要表现在以下 3 个方面：

（1）调节血脂，降低胆固醇和三酰甘油 对胆固醇含量正常的人，大豆没有促进胆固醇下降的作用，但若食用含胆固醇量高的蛋、肉、乳类等食品过多时，大豆蛋白有抑制胆固醇含量上升的作用；对胆固醇含量偏高的人，可降低有害胆固醇中低密度脂蛋白（LDL）和极低密度脂蛋白（VLDL）胆固醇，但不降低有益胆固醇高密度脂蛋白（HDL）胆固醇，可认为食用大豆蛋白可使患心血管疾病的危险性降低18%～28%。

（2）防止骨质疏松　研究表明，与优质动物蛋白相比，大豆蛋白造成的尿钙损失较少，当膳食中的蛋白质为动物蛋白质时，每天的尿钙损失达150毫克，而当膳食中的蛋白质为大豆蛋白时，每天的尿钙损失仅103毫克。

（3）抑制高血压　在大豆蛋白中的11S球蛋白和7S球蛋白中含有3个可抑制血管紧张肽原酶活性的短肽片段，因此，大豆蛋白具有抗高血压的一定功能。

2. 大豆球蛋白　大豆蛋白中90%以上是大豆球蛋白，存在于大豆子粒中的储藏性蛋白的总称（即为多组分蛋白），约占大豆总量的30%。作为蛋白质来源的大豆球蛋白，以140克/日剂量连续摄取1个月，可以改善并保持健康状况。若进一步过量摄取，则会抑制铁的吸收。不过，摄取量在0.8克/千克左右，对Fe、Zn等微量元素的利用没有影响。

大豆球蛋白对血浆胆固醇的影响，经临床应用已确认有下面3个方面的特点：对血浆胆固醇含量高的人，大豆球蛋白有降低胆固醇的作用；当摄取高胆固醇食物时，大豆球蛋白可以防止血液中胆固醇的升高；对于血液中胆固醇含量正常的人来说，大豆球蛋白可降低血液中LDL/HDL胆固醇的比值。

二、脂类

大豆脂类主要贮藏在大豆细胞内的脂肪球中，脂肪球分布在大豆细胞中蛋白体的空隙间，其直径为0.2～0.5微米。大豆脂类总含量为21.3%，主要包括脂肪、磷脂类、固醇、糖脂（脑脂）和脂蛋白。其中中性脂肪（豆油）是主要成分，占脂类总量的89%左右。磷脂和糖脂分别占脂类总量的10%和2%。此外还有少量的游离脂肪酸、固醇和固醇脂。

1. 大豆油脂　大豆含有16%～24%的脂肪，是人类主要的食用油料作物，全球大约一半的植物油脂来自于大豆。大豆油脂主要特点是不饱和脂肪酸含量高，61%为多不饱和脂肪酸，24%为单不饱和脂肪酸。大豆油脂中还含有可预防心血管病的一种$\omega-3$脂肪酸——$\alpha-$亚麻酸。大豆油脂在常温下为液体，分毛油和精炼油。毛油为红褐色，精炼油为淡黄色。

2. 大豆类脂 分为可皂化类脂和不可皂化类脂两类。大豆中的类脂主要是磷脂和固醇。大豆中不可皂化物总含量为0.15%～1.6%，除固醇外，还有类胡萝卜素、叶绿素以及生育酚类似物等物质。大豆中含1.1%～3.2%的磷脂，在食品工业中广泛用作乳化剂、抗氧化剂和营养强化剂。大豆磷脂的主要成分是卵磷脂、脑磷脂及磷脂酰肌醇。其中卵磷脂占全部磷脂的30%左右，脑磷脂占全部磷脂的30%，磷脂酰肌醇占全部磷脂的40%。卵磷脂具有良好的乳化性和一定的抗氧化能力，是一种非常重要的食品添加剂。从油脚中可以提取大豆卵磷脂。大豆中的固醇类物质是类脂中不皂化物的主要成分，占大豆的0.15%，主要包括豆固醇、谷固醇和菜油固醇。在制油过程中，固醇转入油脚中，因而可从油脚中提取固醇。固醇在紫外线照射下可转化为维生素 D。

三、碳水化合物

大豆中的碳水化合物含量约为 25%，可分为可溶性与不可溶性两大类。大豆中含 10% 的可溶性碳水化合物，主要指大豆低聚糖（其中蔗糖占 4.2%～5.7%、水苏糖占 2.7%～4.7%、棉子糖占 1.1%～1.3%），此外还含有少量的阿拉伯糖、葡萄糖等。大豆中含有 24% 的不可溶性碳水化合物，主要指纤维素、果胶等多聚糖类，其组成也相当复杂，种皮中多果胶质，子叶中多纤维素。大豆中的不溶性碳水化合物——食物纤维，都不能被人体所消化吸收。

此外，除蔗糖外的所有碳水化合物都难以被人体所消化，它们一经发酵就引起肠胃胀气，这是因为人体消化道中不产生 $\alpha-$半乳糖和β—果糖苷酶，所以在胃肠中不进行消化，当它们到达大肠后，经大肠细菌发酵作用产生 CO_2、氢气、甲烷而使人体有胀气感。所以，大豆用于食品时，往往要设法除去这些不易消化的碳水化合物，而这些碳水化合物通常也被称为"胃肠气胀因子"。

四、无机盐

大豆中无机盐（也称大豆矿物质）总量为 5%～6%，其种类及含量较多，其中的钙含量是大米的 40 倍（2.4 毫克/克），铁含量是大米的 10 倍，钾含量也很高。钙含量不但较高，而且其生物利用率与牛奶中的钙相近。维生素 B 类、维生素 E 含量丰富，维生素 A 较少，但维生素 B_1 易被加热破坏。

大豆中的无机盐有 10 余种，多为钾、钠、钙、镁、磷、硫、氯、铁、铜、锌、铝等，由于大豆中存在植酸，某些金属元素如钙、锌、铁和植酸形成不溶性植酸盐，妨碍这些元素的消化利用。

大豆的无机成分中，钙的含量差异最大，目前测得的最低值为 163 毫克/100 克大豆，最高值为 470 毫克/100 克大豆，大豆的含钙量与蒸煮大豆（整粒）的硬度有关，即钙的含量越高，蒸煮大豆越硬。

此外，除钾以外的大豆的无机物中磷的含量最高，其在大豆中的存在形式有 75%植酸钙镁态、13%磷脂态、其余 12%是有机物和无机物。

五、维生素

大豆中含有多种维生素，特别是 B 族维生素，但大豆中的维生素含量较少，而且种类也不全，以水溶性维生素为主，脂溶性维生素则更少。大豆中含有脂溶性维生素主要有维生素 A、β—胡萝卜素、维生素 E 等，而水溶性维生素有维生素 B_1、维生素 B_2、烟酸、维生素 B_6、泛酸、抗坏血酸等。就我国产的大豆来讲，每百克成熟的大豆中维生素含量（东北产 13 个品种平均值）如下：胡萝卜素 0.4 毫克、维生素 B_1 0.79 毫克、维生素 B_2 0.25

毫克、尼克酸（烟酸、维生素 B_3）2.1 毫克、维生素 B_6 0.9 毫克、维生素 B_5 1.7 毫克、维生素 C 20 毫克、叶酸 0.4 毫克。此外，还含有一定量的维生素 E，只是在大豆加热处理时绝大多数已破坏，转移到制品中去的很少。

六、有机酸

大豆中含有多种有机酸，其中枸橼酸含量最高，其次是焦性麸氨酸（在分析试样调制中生成的）、苹果酸和醋酸等。目前，在大豆综合加工中，已利用这些有机酸制成了清凉饮料。

第三节　功能活性成分

1. 大豆多肽　即"肽基大豆蛋白水解物"的简称，是大豆蛋白质经蛋白酶作用后，再经特殊处理而得到的蛋白质水解产物。大豆多肽的必需氨基酸组成与大豆蛋白质完全一样，含量丰富而平衡，且多肽化合物易被人体消化吸收，并具有防病、治病、调节人体生理功能的作用。大豆多肽是极具潜力的一种功能性食品基料，已逐渐成为 21 世纪的健康食品。

大豆多肽的生物活性主要表现在以下 8 个方面：

（1）具有吸收速度快和吸收率高的特性；

（2）降低血脂和胆固醇的效果明显；

（3）大豆多肽的抗原性较原大豆蛋白低，可以给易引起食品过敏的人提供一种比较安全的蛋白物料；

（4）大豆多肽能抑制血管中的血管紧张素转换酶的活性，防止末梢血管收缩，因而具有降血压作用，其降压作用平稳，不会出现药物降压过程中可能出现的大的波动，尤其对原发性高血压患者具有显著的疗效，对血压正常的人没有降压作用；

（5）增强肌肉运动力和加速肌红蛋白恢复的作用；

（6）具有促进脂肪代谢的效果，常作为减肥食品；

（7）大豆多肽对乳酸菌、双歧杆菌、酵母菌、真菌等微生物有促进增殖的效果，并能促进有益代谢物的分泌；

（8）对 α－葡萄糖苷酶有抑制作用，对蔗糖、淀粉、低聚糖等糖类的消化有延缓作用，能够控制机体内血糖的急剧上升，具有降低血糖的作用。

2. 大豆异黄酮　是大豆生长过程中形成的次级代谢产物，大豆子粒中异黄酮含量为 0.05%～0.7%，主要分布在大豆种子的子叶和胚轴中，种皮中极少。虽然大豆胚轴中异黄酮浓度约为子叶的 6 倍，但由于子叶占大豆子粒重的 95% 以上，因此，大豆异黄酮主要分布在大豆子叶中。

长期以来，大豆异黄酮被视为大豆中的不良成分。但近年的研究表明：大豆异黄酮对癌症、动脉硬化症、骨质疏松症以及更年期综合征具有预防甚至治愈作用。自然界中异黄酮资源十分有限，大豆是唯一含有异黄酮且含量在营养学上有意义的食物资源，这就赋予大豆及大豆制品特别的重要性。

大豆异黄酮生物活性主要表现在以下 9 个方面：

（1）类雌激素和抗雌激素作用；

（2）维持骨吸收和骨形成的平衡作用；

（3）对骨代谢中细胞因子的影响；

（4）具有抗癌、抗恶性细胞增殖的作用，能诱导恶性细胞的分化、抑制细胞的恶性转化、抑制恶性细胞侵袭，并对肿瘤转移有明显的治疗作用；

（5）能防止维生素 C 的氧化；

（6）调节免疫功能作用；

（7）在生理活性方面也与黄酮类物质相似，表现出对心血管的保健作用，如抗血栓和降血脂作用；

（8）防治妇女更年期综合征的作用；

（9）哺乳动物妊娠后期在饲料中添加异黄酮，可促进乳腺发育，提高母乳品质与数量，促进胎儿生长，提高动物的初生体重。

3. 大豆低聚糖　广泛存在于植物中，以豆科植物含量居多。大豆中的低聚糖含量因品种、栽培条件不同而异，其大致范围是水苏糖为 4% 左右、棉籽糖为 1% 左右、蔗糖为 5% 左右。大豆中的水苏糖、棉子糖在未成熟期几乎没有，到成熟期含量增加，且随着发芽而减少。另外，收获后的大豆即使贮存于低于 15℃ 的温度，60% 相对湿度以下的条件下，水苏糖、棉籽糖仍会减少。

大豆低聚糖的生物活性主要表现在以下 3 个方面：

（1）促进双歧杆菌增殖的作用　大豆低聚糖中对双歧杆菌有增殖作用的因子水苏糖和棉籽糖，它们在糖浆产品中占 24%，颗粒状产品中占 30%。

（2）能抑制肠道内有毒物质的产生　大豆低聚糖在肠道内被双歧杆菌吸收利用后，能被发酵降解成短链脂肪酸（主要是醋酸和乳酸，摩尔比为 3∶2）和一些抗菌物质，可降低肠道内的 pH 值和电位，抑制外源性致病菌和肠道内固有腐败细菌的增殖，从而减少有毒发酵产物及有害细菌酶的产生。

（3）其他作用　大豆低聚糖在体内还与 B 族维生素合成有关；促进肠道的蠕动，防止便秘；有一定的预防和治疗细菌性痢疾的作用，提高人体的免疫力；分解致癌物质等生物活性。

4. 大豆磷脂　是指以大豆为原料所提取的磷脂类等物质，是卵磷脂、脑磷脂、磷脂酰肌醇、游离脂肪酸等成分组成的复杂混合物，共有近 40 种含磷化合物，其中最主要的是磷脂酰胆碱。

我国卫生部批准，磷脂可以用于调节血脂、调节免疫力、延缓衰老和改善记忆功能等保健食品的开发生产，其生物活性主要表现在以下 7 个方面：

（1）强化大脑功能、增强记忆力的作用；

（2）延缓衰老的作用；

（3）降低胆固醇、调节血脂的作用；

（4）维持细胞膜结构和功能完整性的作用；

（5）保护肝脏的作用；

（6）增强免疫功能的作用；

（7）对胆石症的作用。

5. 大豆皂苷　为苷类化合物的一种，具有溶血活性和起泡特性，达到一定浓度时具有苦涩味。大豆中至少含有 5 种大豆皂苷精醇，可分别与半乳糖、葡萄糖、鼠李糖、木糖、阿拉伯糖、葡萄糖醛酸失水缩合而成大豆皂苷。大豆皂苷在大豆中的含量达 $0.1\%\sim0.5\%$，大豆子叶中含量为 $0.2\%\sim0.3\%$，下胚轴中高达 2%。大豆皂苷对热稳定。虽然某些植物中的皂苷对动物生长具有抑制作用，但没有证据表明大豆皂苷是抗营养因子。相反，近年的研究表明，大豆皂苷具有抗高血压和抗肿瘤等活性。目前至少已经分离出 10 种主要的大豆皂苷。

大豆皂苷的生物活性主要表现在以下 10 个方面：

（1）调节血脂　能增加胆汁分泌，降低血中胆固醇和三酰甘油含量，预防高脂血症。

（2）调节血糖作用　肌注大豆皂苷能降低糖尿病大鼠血糖和血小板聚集率，提高胰岛素水平。

（3）防止肥胖　肥胖者每天进食 50 毫克，可起减肥作用。

（4）抗病毒作用　大豆皂苷对疱疹性口唇炎和口腔溃疡效果显著，具有广谱抗病毒的能力，无论是对 DNA 病毒还是 RNA 病毒都有明显作用。

（5）抗血栓作用　抑制由血小板减少和凝血酶引起的血栓纤维蛋白形成。可抑制纤维蛋白原向纤维蛋白的转化，并可激活血纤维蛋白溶解酶系统的活性。

（6）抑制肿瘤细胞生长　直接对毒细胞作用，破坏肿瘤细胞膜的结构或抑制 DNA 的合成，对 S180 细胞和 YAC－1 细胞的 DNA 合成有明显抑制作用，对 K562 细胞和 YAC－1 细胞有明显的细胞毒作用。

（7）抗氧化和降低过氧化脂质的作用　通过自身调节，能增加 SOD 的含量，清除自由基，具有抗氧化和降低过氧化脂质

（LPO）的作用，以促进 DNA 的损伤修复和消除某些皮肤疾患。

（8）免疫调节作用　大豆皂苷能明显促进 ConA 和 Lps 对小鼠脾细胞的增殖反应，能明显增强脾细胞对 IL－2 的反应性，增加小鼠脾细胞对 IL－2 的分泌，并明显地提高 NK 细胞、LAK 细胞毒活性，从而表现出明显的免疫调节作用。

（9）延缓衰老　对雌雄果蝇的平均存活天数及平均最长生存天数延长 4～7 天（雄性果蝇延长 7 天，雌性果蝇延长 6 天）。北京大学分校保健食品功能测试中心的试验结果也证明，中高剂量的大豆皂苷可使果蝇寿命平均延长 8.0%～9.0%。北京宣武医院的试验证明，可使人胚肺成纤维二倍体细胞（HELDF）生长寿命比对照组细胞延长 30% 左右（对照组只生长了 51 代，而添加了皂苷溶液组的细胞生长了 84 代）。

（10）其他　对于大豆皂苷生物学功能的研究报道还有很多，如大豆皂苷可加强中枢交感神经的活动，通过外周交感神经节后纤维释放去甲肾上腺素和肾上腺髓质分泌的肾上腺素作用于血管平滑肌的 α 受体，使血管收缩；作用于心脏的 β 受体，加快心率和增强心肌的收缩力而引起血压升高。此外还有大豆皂苷防止动脉粥样硬化，抗石棉尘毒性等的报道。

6. 大豆膳食纤维　主要成分是非淀粉多糖类，它包括纤维素、混合键的 β－葡聚糖、半纤维素、果胶和树胶。大豆膳食纤维的各个成分特点在于所含糖的残基及各个糖基之间的键合方式。纤维素和混合键的 β－葡聚糖是由 β－1，4 键合的葡萄糖多聚体，在混合键的 β－葡聚糖中还间杂有以 β－1，3 键连接的键合形式。

大豆膳食纤维按其水溶性不同分为可溶的纤维和不可溶的纤维两大类。可溶性的大豆膳食纤维的多糖可分散于水中，包括果胶、树胶、黏液和部分纤维素，而不是真正的化学上的可溶。不可溶大豆膳食纤维的多糖在水中难以分散，包括纤维素、半纤维素和木质素。

大豆膳食纤维的生物活性主要表现在以下 4 个方面：

（1）调节血脂、降低胆固醇作用　能与肠道内 Na^+、K^+ 进行交换，促使尿液和粪便中大量排除 K^+、Na^+，从而降低血液中的 Na^+/K^+ 比值，直接产生降低血压的作用。

（2）能改善血糖生成反应　大豆膳食纤维能防治糖尿病，具有调节血糖的作用，其作用机制是大豆膳食纤维在肠内可形成网状结构，增加肠液的黏度，使食物与消化液不能充分接触，阻碍葡萄糖的扩散，使葡萄糖吸收减慢，从而减慢葡萄糖的吸收而降低血糖含量。改善葡萄糖耐量和减少降血糖药物的用量，起到防治糖尿病作用。对糖耐量障碍患者所发生的胰岛素和血糖值升高，有抑制调节作用。

（3）能改善大肠功能　大豆膳食纤维可影响大肠功能，其作用包括缩短食物在大肠中的通过时间、增加粪便量及排便次数、稀释大肠内容物以及为正常存在于大肠内的菌群提供可发酵的底物。

（4）降低营养素利用率　大豆膳食纤维有吸附杂环胺化合物并降低其生物活性的作用。增加大豆膳食纤维的摄入量，对于防止杂环胺的可能危害有积极作用。此外，大豆膳食纤维还具有膳食纤维的相关特性。

第四节　大豆中的酶类

在大豆中已经发现了 30 多种酶，与大豆制品加工有关的主要有脂肪氧化酶、脂肪酶、淀粉酶和蛋白酶。

1. 脂肪氧化酶　大豆含有脂肪氧化酶活性很高，存在于接近大豆表皮的子叶中。当大豆的细胞壁破碎后，只需有少量水分存在，脂肪氧化酶也可利用溶于水中的氧催化大豆中的不饱和脂肪酸（亚油酸和亚麻酸）发生酶促氧化反应，形成氢过氧化物。当有受体存在时氢过氧化物可继续降解形成正己醇、乙醛和酮类等具有豆腥味的物质。这些物质又与大豆中的蛋白质有亲和性，即使利用提取和清洗等方式也很难去除。用近代分析手段，已鉴定出近百种大豆油脂的氧化降解产物，其中造成豆腥味的主要成分是己醛。目前已公认脂肪氧化酶是引起大豆和其他植物蛋白异味增强的主要原因。

（1）防止豆腥味的产生，必须钝化脂肪氧化酶　为了防止豆腥味的产生，就必须钝化脂肪氧化酶。加热是钝化脂肪氧化酶的基本方法，但由于加热会同时引起蛋白质的变性，因此在实际操作中应处理好加热与钝化的关系。脂肪氧化酶的耐热性差，当加热温度高于84℃时，酶就失活。若加热温度低于80℃，脂肪氧化酶的活力就受到不同程度的损害，加热温度越低，酶的残存活力就越高。例如在制作豆乳时，采用80℃以上热磨的方法，也是防止豆乳带豆腥味的一个有效措施。

（2）钝化脂肪氧化酶的方法　在大豆中所含的与加工有关的几种酶中脂肪氧化酶是最不耐热的，因此如仅为了钝化脂肪氧化酶可采用较轻程度的热处理。当然，如果为了同时达到消除其他有害因子（如胰蛋白的抑制素）的目的，可采用较强程度的热处理。在实际生产中常以脲酶的钝化与否来确定热钝化脂肪氧化酶的程度。钝化脂肪氧化酶常用的方法如下：

①热磨法　将大豆在磨浆前用0.2%的$NaCO_3$水溶液在15℃～30℃浸泡4～8小时。磨浆沸水（加水量为大豆的5倍）加0.05%$NaHCO_3$，磨浆后应有90%以上的圆形物超过80目的筛面，磨出的浆料温度保持在80℃以上，维持10分钟，即可钝化脂肪氧化酶。豆乳或豆乳粉的生产可采用这种钝化方法。

②热烫法　将整粒大豆在沸水中热烫以钝化脂肪氧化酶。对未浸泡的大豆须热烫20分钟，经4小时浸泡过的大豆须热烫10分钟。水中加入0.25%的$NaHCO_3$能够增强热烫效果。

③伊利诺伊法　美国伊利诺伊大学创造的，将热磨法与强制均质化法结合起来。用自来水、软化水或使用pH值7.5～8.5的微碱性水（含0.5%的$NaHCO_3$）在室温下将大豆浸泡4～10小

时（浸泡前最好先脱皮）。将浸泡好的大豆加热煮沸 20～40 分钟以钝化脂肪氧化酶，经锤式磨、棍轧机磨碎后中和到 pH 值 7.1，在 90℃左右下加热，在 25MPa 下进行均质化处理。

④半干湿法 即干法灭酶、湿法破碎，兼有干法和湿法的优点。其做法是大豆首先烘干脱皮，脱皮率在 96％以上。用高压蒸气瞬间使酶失活，然后立即加入 85℃的水磨浆，最后再以细磨合超微磨相结合以提高蛋白质的提取率。

⑤干热—挤压蒸煮法 Mustakas 于 1970 年提出了用干热—挤压蒸煮法加工全脂豆粉。其做法是将大豆压碎去皮，干热钝化脂肪氧化酶，冷却，加水调至含水分 15％～20％进行挤压蒸煮。挤压物经干燥、冷却和磨粉制成产品。

⑥低 pH 值下的粉碎—蒸煮法 脂肪氧化酶在酸性条件下活性受到抑制，故 Kon 等提出在 pH 值 1.00～3.85 下磨碎大豆，再经蒸气加热钝化脂肪氧化酶，最后用 NaOH 中和至 pH 值6.7～6.8。

⑦高频电子脱腥法 高频电子脱腥技术是大豆深加工领域中的重大突破，为无腥味大豆蛋白食品开辟了新的前景。脱腥原理：蛋白质大分子在高频电场的作用下，原子核和电子被压缩、拉伸、反向拉伸和摩擦，分子被压断、拉断和摩擦，肽链的原始结构被破坏，大分子肽减少，小分子肽增多。小分子肽更易溶于水，有的变成氨基酸，故产品口感好，豆香味浓。产生豆腥味的脂肪氧化酶、脲酶等在高频电场、磁场的作用下，分子链不但受到破坏，而且由于原子核和电子摩擦产生的"热"作用，使脂肪氧化酶、脲酶分子失活钝化，从而防止了豆腥味的产生。

2. 脲酶 也称尿素酶，属于酰胺酶类——尿素酰胺基水解酶。存在于大豆中的脲酶有很高的活性，它可以催化酰胺类物质、尿素产生二氧化碳和氨。氨会加速肠黏膜细胞的老化，从而影响肠道对营养物质的吸收。脲酶对热较为敏感，受热容易失活，在豆奶生产过程中，脲酶基本上已失活。

脲酶在大豆所含酶中活性最强，与胰蛋白酶抑制素等其他抗营养因子在热处理中的失活速率基本相同，而且容易检测，因此国内外均将脲酶作为检测大豆抗营养因子的一种指示酶。若脲酶活性转阴，则标志其他抗营养因子均以失活。

脲酶活性是指在 pH 值 7 和 30℃±0.5℃的条件下，每分钟每克大豆制品分解尿素所释放的氨态氮的毫克数，常用标准法、pH 值增值法、扩散法、纳氏比色法及酚红快速定性法等测定方法。大豆加工过程中的物理因素（温度、时间、压力、水分和大豆颗粒的粗细等）可以控制脲酶的失活程度。就毒性而言，脲酶活性越小越好，但处理过度会降低水溶性氮的含量和产品营养价值。

3. 脂肪酶　脂肪酶的存在会引起油脂的氧化酸败。脂肪酶的最适宜温度为 30℃～40℃，最适宜 pH 值在 8 左右。脂肪酶能催化脂肪的水解和合成反应。脂肪酶的催化作用具有可逆性，在大豆种子成熟过程中，它可催化脂肪的合成作用；而在大豆种子成熟后的贮藏、加工及种子萌发阶段，则能催化脂肪的分解反应。它催化的脂肪合成与分解反应都是逐步进行的，因此甘油一酸酯和甘油二酸酯是必然的中间产物。

4. 淀粉酶　大豆中的 α-淀粉酶对于多支链的淀粉作用能力超过从其他原料提取的 α-淀粉酶，并且其活性并不需要巯基的存在。大豆 β-淀粉酶的活性比其他豆类高，对磷酸化酶有钝化作用。大豆 β-淀粉酶在 pH 值 5.5，60℃下加热 30 分钟，将有 50％的活性损失；在 70℃，pH 值 5.5 下加热 30 分钟则完全丧失活力。

5. 蛋白酶　1966 年，Weil 等人从脱脂豆粉的乳清中分离出了 6 种蛋白分解酶。1969 年，Pinsky 指出大豆蛋白质中有一组成分具有类似胰蛋白酶的活性，这说明大豆中的胰蛋白酶抑制素在大豆浸出过程中并未对蛋白分解酶产生抑制作用。

蛋白分解酶也具有合成活性，例如大豆蛋白质经木瓜蛋白酶水解后合成了一种新的蛋白质，它比原来的蛋白质增加了甲硫氨酸。

第五节 大豆中的抗营养因子

大豆中存在多种抗营养因子，如胰蛋白酶抑制素、细胞凝集素、植酸、致甲状腺肿素、抗维生素因子等。它们的存在会影响到豆制品的质量和营养价值。在这些抗营养因子中，胰蛋白酶抑制素对大豆制品的营养价值的影响最大，其本身也是一种蛋白质，能够抑制胰蛋白酶的活性；它有很强的耐热性，若需要较快地降低其活性，则要经100℃以上的温度处理。一般认为，要使大豆中蛋白质的生理价值比较高，至少要钝化80％以上的胰蛋白酶抑制素。在大豆中存在抗维生素 A、抗维生素 D、抗维生素 E、抗维生素 B_{12} 等抗维生素因子。大豆中其他抗营养因子的耐热性均低于胰蛋白酶抑制素的耐热性，故在选择加工条件时，以破坏胰蛋白酶抑制素为参照即可。

1. 胰蛋白酶抑制素 大豆中含有一类毒性蛋白，可抑制胰蛋白酶、胰凝乳蛋白酶、弹性硬蛋白酶及丝氨酸蛋白酶的活性，称为蛋白酶抑制素或胰蛋白酶抑制素。胰蛋白酶抑制素含量为17～27毫克/克，占大豆贮存蛋白总量的6％。大豆中的胰蛋白酶抑制剂有7～10种，但迄今为止只有两种被提纯分离出来并有较详细的研究。

胰蛋白酶抑制素在大豆中一般含量在5.2％左右。生大豆中约含1.4％的库尼兹抑制素和0.6％的鲍曼—贝尔克抑制素。

影响胰蛋白酶抑制素活性的重要因素包括：加热温度、加热时间、水分含量、pH 值及颗粒大小等。存在于大豆中的抑制素会抑制胰脏分泌的胰蛋白酶活性，从而影响人体对大豆蛋白质的消化吸收。大豆胰蛋白酶抑制素的热稳定性是大豆加工中最为关注的问题之一。因为胰蛋白酶抑制素的热稳定性比较高。在80℃

时，脂肪氧化酶已基本丧失活性，而胰蛋白酶抑制素的残存活性仍在 80％以上，而且增加热处理时间并不能显著降低它的活性。如果要进一步降低胰蛋白酶抑制素的活性，就必须提高温度。但若采用 100℃以上的温度处理时，胰蛋白酶抑制素的活性则降低很快。100℃处理 20 分钟抑制素活力丧失达 90％以上；120℃处理 3 分钟也可以达到同样的效果。应该说这样的热失活条件对于大豆食品的加工不算苛求，完全是可以达到的。对于大多数大豆蛋白食品来说，胰蛋白酶抑制素是不难克服的，因为它们在蒸气加热时容易丧失活性，从而使大豆蛋白食品的营养价值提高到令人满意的程度。

2. 细胞凝集素　是一种能使动物血液中红细胞凝集的物质。用玻璃试管进行试验，发现大豆中至少有 4 种蛋白质能够使小兔和小白鼠的红色血液细胞（红细胞）凝集。这些蛋白质即被称为细胞凝集素。4 种细胞凝集素都是糖蛋白，包含有甘露糖和葡萄糖氨，主要的细胞凝集素含有 4.5％甘露糖和 1.0％葡萄糖氨，4种细胞凝集素所含氨基酸基本相同，其不同部分主要是碳水化合物的含量不同。以不同等电位点可以有效地提取这几种蛋白体，这些细胞凝集素一般都是浓缩于乳状物中。

脱脂后的大豆粕粉，约含 3％的细胞凝集素。在试管中，细胞凝集素能引起红细胞凝集，但是没有证据说明，当细胞凝集素随食物摄入后会发生细胞凝集作用。细胞凝集素容易被胃蛋白酶钝化，因此它们通过胃很难幸存下来，即使未消化的细胞凝集素，由于它的质量相对密度很高，不可能在大肠中被吸收并与红细胞接触。不过曾有报道，在大白鼠内腹膜上注射细胞凝集素，能把白鼠杀死，但毒性机制还不清楚。

大豆细胞凝集素易受蛋白酶作用而丧失活力。另外，在湿热条件下受热很快失活，甚至活性完全消失，因此，若经大豆食品生产过程的加热，细胞凝集素就不会对人体造成不良影响。

3. 致甲状腺肿素　致甲状腺肿素的主要成分是硫代葡萄糖苷

分解产物（异硫氰酸酯，噁唑烷硫酮）。1934年国外首次报道大豆膳食可使动物甲状腺肿大。1959年和1960年又报道婴儿食用豆乳发生甲状腺肿大，成人食用大豆膳食可使碘代谢异常。因此，在生产大豆蛋白食品如豆奶时，可添加适量碘化钾，以改善大豆蛋白营养品质。

4. 植酸 我国大豆中含有1.36%的植酸，主要含在子叶中，胚中含0.58%。植酸是肌醇六膦酸酯，在大豆中以盐的形式存在。植酸能与食物中的金属元素如锌、铁、钙、镁等螯合成复合盐，降低金属元素的吸收率。60%以上的植酸都是以植酸钙镁的形式存在的，因此植酸的存在会影响人体对这些物质的吸收。

植酸还可以与蛋白质结合使大豆蛋白质的功能特性发生改变。植酸的存在可降低大豆蛋白质的溶解度，改变大豆蛋白质的等电点，使等电点从4.5降到4.3，并降低大豆蛋白质的发泡性。

植酸的热稳定性很强，大豆粕在115℃蒸煮4小时，仍有85%的植酸存在。植酸酶可以分解植酸生成肌醇（一种B族维生素）和磷酸。

第六节　大豆的豆腥味与苦涩味物质

1. 豆腥味物质 科学工作者从大豆挥发性物质中测出一系列组分，其中正己醛、异戊醛、正庚醇散发有大豆的青豆腥味；正己醛、异戊醛、正辛酸有青豆气味，含量很少。不挥发性腥味物质目前已知有7种酚酸，即丁香酸、草香酸、龙胆酸、水杨酸、β一羟基苯酸、阿魏酸、香豆酸，其中香豆酸被认为是烹调时散发大豆气味的主要物质。

2. 氧化多不饱和脂肪酸 大豆中含有脂肪氧化酶，当这些氧化酶作用于游离的或酯化的多不饱和脂肪酸时会产生不良的气味。这是因为脂肪的氧化作用会产生一种过氧化物，这种过氧化物一经分解又会转化成易挥发的和不挥发的化合物。在全脂和脱脂的大豆片及变质的豆油中，这些化合物已被分离和鉴定出来。在这些化合物中，最可能产生青豆腥味的是正己醛、3—顺己醛、正戊基呋喃、顺式2—呋喃、反式—2—呋喃、乙基乙烯酮。

大豆的不良气味最根本的原因是大豆含有较高的亚麻酸和存在大量的脂肪氧化酶，如果对这两种因素进行处理和控制，会使不良气味得到改善和防止。有关除去豆腥味的方法有不少报道，如钝化脂肪氧化酶、使用化学添加剂、气味掩盖等方法。

第二章 大豆的贮藏及加工特性

大豆从收获到加工大多都需要经过一段时间的贮藏。大豆子粒贮藏过程中，其本身会发生一系列复杂变化，而这些变化在很大程度上都将直接影响大豆的加工性能和产品的质量。因此，应了解大豆子粒贮藏过程中的变化机制，以便掌握和控制变化条件，防止大豆在贮藏过程中发生质变。

第一节 大豆的基本生理活动

大豆子粒是其生命的有机体，其内部一直不停地进行着生理活动。大豆子粒的胚和糊粉层都存在着酶，其主要有蛋白质水解酶、脂肪水解酶、淀粉酶、果胶酶、呼吸系统的酶类等，因此在这两个主要部位的生物化学反应和生理活动都很活跃。大豆子粒中的这些酶类主要是催化蛋白质、脂肪、淀粉的水解；催化大豆细胞壁的果胶质层水解而使细胞壁软化；催化大豆子粒发生呼吸作用，进行氧化还原反应等。因此，在贮存大豆时应创造条件抑制酶的活性，以免大豆营养物质损失和变坏。

一、呼吸作用

大豆子粒的呼吸作用是在子粒的活细胞中进行的，呼吸作用是由呼吸酶的作用引起的细胞营养成分的氧化和分解而被消耗的过程。在此过程中，首先受到氧化消耗的是大豆子粒中的糖分。呼吸作用包括有氧呼吸和缺氧呼吸两种类型。

有生命的大豆子粒从不间断呼吸作用，即大豆子粒不断地吸收氧气，排出二氧化碳和水分，并产生热量。呼吸作用强烈就会消耗大量的有用成分，如糖、脂肪，而且增加了水分，升高了温度，易发生霉变，所以在贮藏大豆子粒时维持其最微弱的呼吸作用才是合理的。一般来说，大豆子粒的含水量高，呼吸强度大；反之，呼吸强度小。大豆子粒的含水量对其呼吸强度的影响有一个转折点，这个转折点的水分含量叫做临界水分。也就是说当大豆子粒的含水量增加到临界水分时，其呼吸强度会突然增加。

大豆的强烈呼吸，不但会使其内部的酶活性增强，使酸价增高，而且还会促进各种微生物的繁殖（如真菌；细菌、酵母菌等），致使大豆在贮藏过程中霉变、变色、产生毒素。因此，大豆贮藏过程中，控制条件，控制呼吸，是防止质变的关键。

二、发芽活动

大豆颗粒的发芽活动是在大豆得到充足水分和氧气后，在适宜的温度条件下，子粒的胚部和糊粉层的活细胞中的各种酶，特别是水解酶活性的增强，由此引起子叶细胞中各种营养成分的水解并由胚吸收水解产物而开始萌发的。

三、后熟

刚刚收获的大豆子粒，一般都还没有完全成熟。没有完全成熟的大豆子粒，不仅含油量、蛋白量比发育正常的种子要低，而且也不利于加工，所得产品质量也差。若经过一定时间的贮藏，大豆子粒会进一步成熟，这一过程叫做"后熟"。

四、影响大豆基本生理活动的因素

影响大豆基本生理活动的 3 个主要因素是水分含量、温度和贮藏期。其中水分含量最为重要。表 2-1 是水分含量、温度对大豆安全贮藏期的影响。大豆的安全贮藏除水分条件外，还有温度的影响。当贮藏温度在 30℃～40℃之间时，温度升高，呼吸作用也会增强。水分含量能起一定的约束作用，水分含量较低的大豆贮藏温度可以稍高一些。而在温度较低的条件下（0℃～10℃），即使大豆含水量较高（如接近临界水分）也会取得良好的贮藏效果。在常温下，大豆的安全贮藏水分为 11%～13%，临界水分为 14%。不过，也并不是越干越好，因为过度干燥也有可能引起石豆的产生。大豆中一些完全不能吸水或者吸水速度非常慢的大豆颗粒，称为"石豆"。石豆的种皮破损后，吸水性就会得到恢复。

表 2-1　不同温度和水分含量下大豆的安全贮藏期

水分 (%)	温度		
	8℃	16℃	20℃
10～11	无霉变	无霉变和昆虫	4 年
11～12	无昆虫	无昆虫	1～3 年
13～14	2 年	无昆虫	6～9 月

此外，在贮藏和运输过程中还应该注意防止大豆的破损，因为种皮和颗粒的破损都会引起病虫害的发生、促进化学变化的进行。比如，大豆收割后的干燥温度过高也会引起大豆营养成分的变化。另外，在我国东北地区，农民经常将大豆码垛堆放在室外过冬，所以也应该防止贮藏时冻害的发生。

第二节　大豆的贮藏方法

一、干燥贮藏法

要达到贮藏时的安全水分，一般在大豆子粒收获后采用日光曝晒或设备烘干的方法。只要气候条件许可，日晒法简单易行，经济实用，但劳动强度大，卫生条件差，适合于小厂。可用于大豆干燥的设备很多，有滚筒式、气流式热风烘干机，流化床烘干机以及远红外烘干机等。利用设备干燥，效果好，效率高，不受气候限制，但设备投资大，成本较高。

二、通风贮藏

通风贮藏是指大豆在贮藏过程中，要保持良好的通风状态，使干燥的低温空气不断地穿过大豆子粒间，可以降低子粒温度，减少水分，防止局部发热、霉变。通风贮藏往往和干燥贮藏配合使用。通风的方法有自然通风和机械通风两种。自然通风就是利用室内外自然温差和压差进行通风，它受气候影响较大。机械通风就是在仓房内设通风地沟、排风口，或者在料堆或筒仓内安装可移动式通风管或分配室，机械通风不受季节影响，效果好，但耗能大。

三、密闭贮藏

密闭贮藏的原理是利用密闭与外界隔绝，减少环境温度、湿度对大豆子粒的影响，使其保持稳定的干燥和低温状态，防止虫害侵入。同时，在密闭条件下，由于缺氧，既可以抑制大豆的呼吸，又可以抑制害虫及微生物的繁殖。密闭贮藏法包括全仓密闭和单包装密闭两种。全仓密闭贮藏时建筑要求高，费用多；单包装密闭贮藏，可用塑料薄膜包装，此法用于小规模贮藏效果好，但也要注意水分含量不要过高，否则亦会发生变质（主要是酸价升高，出油率降低）。

四、低温贮藏

低温的好处是能够有效地防止微生物和害虫的侵蚀，使大豆种子处于休眠状态，降低呼吸作用。根据试验，温度在 10℃ 以下，害虫及微生物基本停止繁殖，8℃ 以下呈昏迷状态，当达到 0℃ 以下时，能使害虫致死。低温贮藏主要是通过隔热和降温两种手段来实现的，除冬季可利用自然通风降温以外，一般需要在仓房内设置隔墙、隔热材料隔热，并附设制冷设备。此法一般费用较高。

五、化学贮藏法

化学贮藏法就是大豆贮藏以前或贮藏过程中，在大豆中均匀地加入某种能够钝化酶、杀死害虫的药品，从而达到安全贮藏的目的。这种方法可与密闭法、干燥法等配合使用。化学贮藏法一般成本较高，而且要注意杀虫剂的防污染问题，因此，该法通常只用于特殊条件下的贮藏。

第三节　大豆的加工特性

大豆的加工特性主要指大豆在加工过程中的吸水性、煮熟性、热变性、冻结变性、起泡性、凝胶性和乳化性等。其中，大豆的加热变性、冻结变性、凝胶化性、乳化性和起泡性都与大豆的蛋白质有关。

一、吸水性

在豆腐等豆制品的加工过程中，首先要将大豆在水中浸泡 12小时以上，使其充分吸水。一般来说，充分吸水后的大豆质量是吸水前干质量的 2.0～2.2 倍。大豆的吸水速度与环境温度和水温有很大的关系。温度越高，大豆的吸水速度也越快。不过温度对大豆的最大吸水量并没有多大的影响。

有一些吸水速度特别慢或者完全不能吸水的大豆被称为石豆。石豆的产生主要是由于在栽培过程中种子被冻伤，或者是由于干燥过程中干燥温度过高引起的。大豆品种不同，产生石豆的概率也不同，有些品种更易产生石豆。因此，在寒冷地区栽培大豆时应特别注意品种的选择，以免石豆的产生。吸水不充分的大豆的加工性能会受到很大的影响。一方面，即使蒸煮很长时间也难以变软；另一方面，粉碎变得困难。在显微镜下观察可以发现，石豆的气孔处于封闭状态。不过，在干燥状态下，难以分辨是否有石豆，所以在大豆的生产和干燥过程中要加以注意，防止石豆过多使大豆的加工特性降低。

二、蒸煮性

大豆吸水后在高温高压下（如 115℃下蒸煮 30 分钟）就会变软。碳水化合物含量高的大豆，煮熟后显得更软，含量低的大豆煮熟后的硬度较高。这可能是由于碳水化合物的吸水力较其他成分高，因而碳水化合物含量高的大豆在蒸煮过程中水分更易侵入内部而使大豆变软。大豆煮熟后放置时间过长，就可能发生硬化现象。这可能是由于大豆中所含钙的影响。

三、加热变性

用大豆加工食品时，几乎都要加热，因此食品中的大豆蛋白质就要发生热变性。大豆中存在的胰蛋白酶抑制素、血细胞凝集素、脂肪氧化酶、脲酶等生物活性蛋白质，在热作用下会丧失活性，发生变性。但是，作为主要蛋白质成分，其变性现象主要是溶解度的变化，或者说，蛋白质的变性程度可用其水溶性含氮物量的高低来表示。大豆蛋白加热后，其溶解度会有所降低。降低的程度与加热时间、温度、水和蒸气含量有关。在有水蒸气的条件下加热，蛋白质的溶解度就会显著降低。

大豆蛋白质是高分子物质，相对分子质量较大，在水中呈胶体状态，因此，大豆蛋白质在水中的溶解性应该称为分散性。但是，仅用大豆蛋白水溶性含氮物的多少来确定大豆蛋白质的变性程度高低有时是不可靠的。例如，将一定浓度以下的大豆蛋白质溶液进行短时间加热煮沸，其水溶性蛋白质含量因变性逐渐降低至最低。但继续加热煮沸，则溶液中水溶性蛋白质含量又会增加。其原因可能是蛋白质分子由原来的卷曲紧密结构舒展开来，其分子结构内部的疏水基团暴露在外部，从而使分子外部的亲水基团相对数量减少，致使溶解度下降。当继续加热煮沸时，蛋白质分子发生解离，而成为相对分子质量较小的次级单位，从而使溶解度再度增加。

大豆蛋白质受热变性程度与受热温度、时间有关，同时也与蒸气的存在与否有关，特别是用蒸气加热时，随着时间的延长而溶解度明显下降。

此外，大豆蛋白质受热变性时，除溶解度发生改变外，其溶液的黏度也发生变化。如豆腐的生产就是预先用大量的水长时间浸泡大豆，使蛋白质溶解于水后，再加热使溶出的大豆蛋白质变性，变性后会发生黏度变化。

四、冻结变性

将大豆粉水抽出液或大豆蛋白质溶液加热后进行冻结，并在－3℃～－1℃下冷藏，解冻后，一部分蛋白质呈现不融化现象，即所谓冻结变性。大豆冻结变性程度与蛋白质浓度、加热条件、冷藏时间有关。蛋白质的浓度越高，加热条件愈激烈，冷藏时间愈长，则冻结变性程度愈显著。

冻豆腐生产就是大豆蛋白质冻结变性的应用实例。将氯化凝固的蛋白质冻结，并在－3℃～－1℃的条件下冷藏3周左右，解冻后成为海绵状态，且易于脱水。

五、凝胶化性

凝胶化性是蛋白质形成胶体网状立体结构的性能。大豆蛋白质分散于水中形成溶胶体。这种溶胶体在一定条件下可转变为凝胶。溶胶是大豆蛋白分散在水中的分散体系，它具有流动性。凝胶是水分散于蛋白质中的分散体系，具有较高的黏度、可塑性和弹性，它具有固体的性质。蛋白质形成凝胶后，既是水的载体，也是糖、风味剂以及其他配合物的载体，因而对食品制造极为有利。

大豆蛋白质凝胶的形成受多种因素的影响，例如，蛋白质浓度、加热时间、冷却情况、pH值以及有无盐类和巯基化合物存在等。

无论多大浓度的溶胶，加热都是凝胶形成的必要条件。在蛋白质溶液当中，蛋白分子通常呈一种卷曲的紧密结构，其表面被水化膜所包围，因而具有相对的稳定性。由于加热，使蛋白质分子呈舒展状态，原来包埋在卷曲结构内部的疏水基团暴露在外面，从而使原来处于卷曲结构外部的亲水基团相对减少。同时，由于蛋白质分子吸收热能，运动加剧，使分子间接触，交联机会增多。随着加热过程的继续，蛋白分子间通过疏水键和二硫键的结合，形成中间留有空隙的立体网状结构。但是，也只有当蛋白质的浓度高于8％时，才有可能在加热之后出现较大范围的交联，形成真正的凝胶状态。当蛋白质浓度低于 8% 时，加热之后，虽能形成交联，但交联的范围较小，只能形成所谓"前凝胶"。而这种"前凝胶"，只有通过 pH 值或离子强度的调整，才能进一步形成凝胶。

六、乳化性

乳化性是指两种以上的互不相溶的液体，例如油和水，经机械搅拌，形成乳浊液的性能。蛋白分子具有乳化剂的特征结构，在油水混合液中，蛋白质分子有扩散到油—水界面的趋势，并且使疏水性基团转向油相，而亲水性基团转向水相。大豆蛋白质用于食品加工时，聚集于油—水界面，使其表面张力降低，促进乳化液的形成。形成乳化液后，被乳化的油滴因蛋白质聚集在其表面，形成一种保护层，从而可以防止油滴的集结和乳化状态破坏，提高乳化稳定性。

大豆蛋白质组成不同以及变性与否，其乳化性相差较大。大豆分离蛋白的乳化性要明显地好于大豆浓缩蛋白，特别是好于溶解度较低的浓缩蛋白。分离蛋白的乳化作用主要取决于其溶解性、pH 值与离子强度等外界环境因素。当盐类浓度为 0、pH 值为 3.0 时，大豆分离蛋白的乳化能力最强；而盐类浓度为 1.0、pH 值为 5.0 时，其乳化能力最差。

七、起泡性

在大豆制品如豆腐的生产中，通常通过加入消泡剂来消除气泡现象。其主要原因是大豆蛋白质分子结构中既有疏水基团，又有亲水基团，因而具有较强的表面活性。它既能降低油—水界面的张力，呈现一定程度的乳化性，又能降低水—空气的界面张力，呈现一定程度的起泡性。大豆蛋白质分散于水中，形成具有一定黏度的溶胶体。当这种溶胶体受急速的机械搅拌时，会有大量的气体混入，形成大量的水—空气界面。溶胶中的大豆蛋白质分子被吸附到这些界面上来，使界面张力降低，形成大量的泡沫，即被一层液态表面活化的可溶性蛋白薄膜包裹着的空气水滴群体。同时，由于大豆蛋白质的部分肽链在界面上伸展开来，并通过分子内和分子间的肽链间的相互作用，形成了二维保护网络，使界面膜被强化，从而促进了泡沫的形成与稳定。

除蛋白质分子结构的内在因素外，某些外界因素也影响其起泡性。溶液中蛋白质的浓度较低，黏度较小，则容易搅打，起泡性好，但泡沫稳定性差；反之，蛋白质浓度较高，溶液黏度较大，则不易起泡，但泡沫稳定性好。实践中发现，单从起泡性能看，蛋白质浓度为9%时，起泡性最好；而以起泡性和稳定性综合考虑，以蛋白质浓度22%为宜。

pH值也影响大豆蛋白质的起泡性，不同方法水解的蛋白质，其最佳起泡pH值也不同，但总体来说，有利于蛋白质溶解的pH值，大多也都是有利于起泡的pH值，但以偏碱性pH值最为有利。

温度主要是通过对蛋白质在溶液中的分布状态的影响来影响起泡性的。温度过高，蛋白质变性，不利于起泡；但温度过低，溶液黏度较大，而且吸附速度缓慢，也不利于泡沫的形成与稳定。一般来说，大豆蛋白质溶解最佳起泡温度为30℃左右。

此外，脂肪的存在对起泡性极为不利，甚至有消泡作用，而蔗糖等能提高溶液黏度的物质，有提高泡沫稳定性的作用。

第四节 大豆的等级（质量）标准

一、中国大豆质量标准 (GB1352—1986)

各类大豆按完整颗粒的百分比划分等级，3等为中等标准，5等以下为等外大豆。完整颗粒百分比指除去杂质的大豆（其中不完整颗粒折半计算）占试样总质量的百分率。大豆中的杂质包括：

1. 筛下物　主要指通过直径3.0毫米圆孔筛的筛下物质。

2. 无机杂质　主要指泥土、砂石、砖瓦块及其他无机物质。

3. 有机杂质　主要指无食用价值的大豆粒、异种粒及其他有机物质。

4. 不完整粒　主要指下列尚有食用价值的颗粒物质：

（1）未熟粒　子粒不饱满、表皮萎缩面积达粒面 1/2 以上，与正常大豆颗粒有显著不同的颗粒。

（2）虫蛀粒　被虫蛀蚀，伤及子叶的颗粒。

（3）霉变粒　粒面生霉或子叶变色、变质的颗粒。

（4）冻伤粒　子粒透明或子叶僵硬呈暗绿色的颗粒。

（5）不完整颗粒　有破碎粒、生芽粒、涨大粒等。而对于大豆种皮脱落，子叶完整以及种皮有冻害而未伤及子叶的均属完整粒。目前我国有关大豆质量国家标准有两个，见表2－2和表2－3。

表2－2　油用大豆的等级指标及其他质量指标

粗脂肪（干基）%		杂质（%）	水分（%）	子叶变色粒(%)	不完整粒（%）		色泽、气味
等级	最低指标				总量	霉变粒	
1	20						
2	19						
3	18	≤1.0	≤14.0	≤20	≤20.0	≤5.0	正常
4	17						
5	16						

表2－3　豆制食品业用大豆的等级指标及其他质量指标

水溶性蛋白（干基）（%）		杂质（%）	水分（%）	子叶变色粒(%)	霉变粒与病斑粒合计（%）	破碎粒与虫蚀粒合计（%）	色泽、气味
等级	最低指标						
1	34.0						
2	32.0	≤1.0	≤14.0	≤5.0	≤2.0	≤10	正常
3	30.0						

目前，收购大豆水分的最大限度和大豆安全储存水分标准，由省、自治区、直辖市规定。标准中规定，大豆中的异色粒互混限度不超过3%，其中黑色大豆混入的比例不超过1%。对其他颜色的大豆（青色、黑色、褐色、红色和茶色）这一标准规定混入

比例不能超过 5%，否则属于杂色大豆。

二、美国和日本的大豆质量等级标准

美国和日本的大豆质量等级标准见表 2—4 和表 2—5 所示。但与我国不同的是，美国更加注重杂色大豆混入的防止及损伤大豆的比例。

表 2—4　美国的大豆质量等级标准及其他质量指标 （单位:%）

等级	单位体积大豆的质量/（克/升）	水分含量	破碎粒①	最高值全损伤粒	热损伤粒②	杂色豆③	夹杂物④
1	730	13.0	10	2.0	0.2	1.0	1.0
2	700	14.0	20	3.0	0.5	2.0	2.0
3	670	16.0	30	5.0	1.0	5.0	3.0
4	625	18.0	40	8.0	3.0	10.0	5.0

注：①破碎粒指未损害的大豆碎片；

②热损伤粒指由于受热而引起的严重变色或伤害的大豆粒或碎片；

③夹杂物指所有物质，包括极易通过试验筛孔的大豆及大豆碎片，以及经筛后保留在筛上除大豆以外所有的物质；

④杂色豆指在一种大豆中含有其他皮色大豆的总和。

表 2—5　日本的大豆质量等级标准及其他质量指标 （单位:%）

等级	最低值		水分含量	最高值		
	整粒	粒度/毫米		损害粒、未熟粒及杂色豆和夹杂物		
				总计	杂色豆	夹杂物
1	85	7.9	15	15	0	0
2	80	7.3	15	20	1	0
3	70	5.5	15	30	2	0
4	60	4.9	15	40	3	1

第五节　大豆加工制品分类

　　大豆制品分为两大类，即传统大豆制品与新兴大豆制品。传统大豆制品包括发酵豆制品与非发酵豆制品。发酵豆制品的生产均需经过一个或几个特殊的生物发酵过程，基本上都经过清选、浸泡、磨浆、除渣、煮浆及成型工序，产品的物态都属于蛋白质凝胶，其分类如图2-1所示。新兴大豆制品包括油脂类制品、蛋白类制品、功能保健类制品及全豆类制品，其分类如图2-2所示。

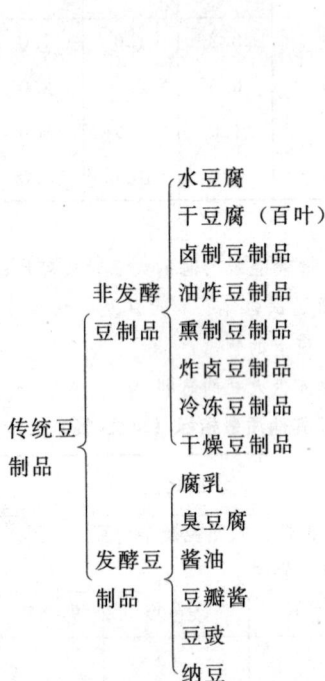

传统豆制品
- 非发酵豆制品
  - 水豆腐
  - 干豆腐（百叶）
  - 卤制豆制品
  - 油炸豆制品
  - 熏制豆制品
  - 炸卤豆制品
  - 冷冻豆制品
  - 干燥豆制品
- 发酵豆制品
  - 腐乳
  - 臭豆腐
  - 酱油
  - 豆瓣酱
  - 豆豉
  - 纳豆

图2-1　传统大豆制品的分类

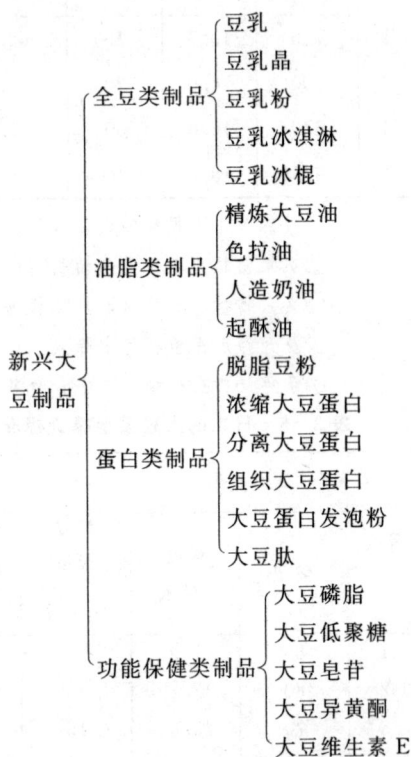

新兴大豆制品
- 全豆类制品
  - 豆乳
  - 豆乳晶
  - 豆乳粉
  - 豆乳冰淇淋
  - 豆乳冰棍
- 油脂类制品
  - 精炼大豆油
  - 色拉油
  - 人造奶油
  - 起酥油
- 蛋白类制品
  - 脱脂豆粉
  - 浓缩大豆蛋白
  - 分离大豆蛋白
  - 组织大豆蛋白
  - 大豆蛋白发泡粉
  - 大豆肽
- 功能保健类制品
  - 大豆磷脂
  - 大豆低聚糖
  - 大豆皂苷
  - 大豆异黄酮
  - 大豆维生素E

图2-2　新兴大豆制品的分类

第三章　豆浆与豆粉的加工工艺

第一节　豆浆加工的基本工艺

所谓豆浆，其实就是大豆蛋白和大豆油脂的水提液。为了有效地将蛋白质提取出来，一般先将大豆子粒在水中浸泡，使蛋白体吸水膨胀，然后将大豆加水磨碎，最后将不溶性成分豆渣分离出来，从而获得大豆蛋白水提液或豆浆。

豆浆的提取就是将大豆包含于大豆细胞内的蛋白质、脂肪以及其他可溶于或分散于水中的物质用水提取出来，同时将不溶性的纤维等物质从水分散体系中分离出去的过程，一般包括浸泡、破碎、提取和分离等工艺步骤，不同豆浆制取方法分析比较，如图 3—1 所示。

一、大豆预处理

豆浆生产应该选择蛋白质含量高的大豆品种。制作豆浆的大豆一般是以色泽光亮、子粒大小均匀、饱满、无虫蛀和鼠咬的新大豆为好。

大豆在收获、贮藏以及运输的过程中难免要混入一些杂质，如草屑、泥土、沙子、石块和金属等。这些杂质不仅有碍于产品的卫生和质量，而且也会影响机械设备的使用寿命，必须清理除去。大豆原料在进一步加工前必须进行清理，以除去杂质。同时应去除碎豆、裂豆、虫蛀豆和其他异粮杂质。手工作坊和小的豆腐加工厂采用手工挑选的方法，然后经过清洗就可以进入浸泡工序。较大规模的豆腐加工厂可以采用机械方法进行清理。

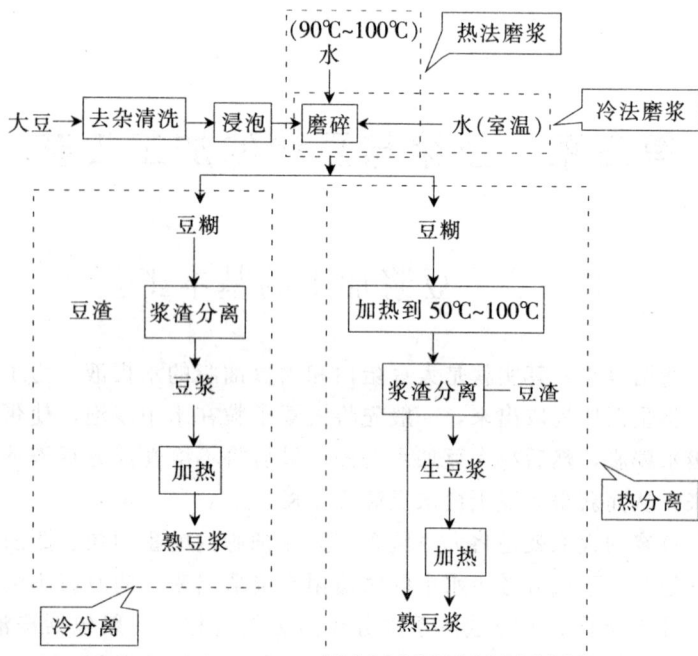

图 3—1　不同豆浆制取方法的比较分析

大豆清理的方法一般分干法和湿法。干法一般包括振动筛和相对密度去石机。振动筛可以带有吸风装置，以吸走轻杂质。相对密度大的大杂质和小杂质通过筛网分离。相对密度去石机主要用以去除砂石。但这种方法很难除去虫蚀豆和裂豆，依然须要人工挑选。因此，大型加工厂应对原料中的虫蚀豆和裂豆比例严格控制。湿法是利用大豆与杂质的相对密度差异，在水中的浮力和沉降速度不同进行分离。最简单的就是流水槽，水槽一般有 15°左右的倾角，顺着水流，轻杂质漂在水的表面，重杂质在最下层，大豆在中间层，从而将大豆与杂质分离。另一种湿法清理的方法是旋水分离法。无论是干法还是湿法清理，都应设置磁选装置，以去除细小的金属杂质，否则会对磨浆操作和产品质量产生不利影响。

二、大豆浸泡

浸泡后的大豆子叶吸水膨胀软化，硬度降低，细胞和蛋白体膜更易破碎。蛋白质、脂肪等更容易从细胞中游离出来。同时，浸泡使纤维韧性增强，在破碎时保持较大的碎片，不形成过分细小的颗粒，使其更容易分离出去。若浸泡时间短，水分未能渗透到大豆中心；若浸泡时间长，大豆过软而会在漂洗等操作过程中容易破碎，一些可溶性物质流失，浸泡损失增加。大豆长时间浸泡也会使微生物繁殖，酸度增加，pH 值降低，不利于大豆蛋白质的溶出。因此，应严格控制大豆的浸泡程度。

1. 浸泡用水及其用量　大豆浸泡的用水量最好为大豆的 2.0～2.3 倍，水少大豆吸水不足，水多浪费大。浸泡大豆用水最好不要一次加足，第 1 次加水以水浸过料面 15 厘米左右为宜，待浸泡 3～4 小时水位下降到料面以下 6～7 厘米后，再加水至料面上 6～7 厘米即可，这样在大豆浸泡好时，水位又可降到料面以下。

生产实践证明，大豆的浸泡程度应因季节而异，夏季可泡至九成，冬季则须泡到十成。浸泡好的大豆增重至 2.0～2.2 倍。大豆表面光滑，无皱皮，豆皮轻易不脱落，手感有劲。最简单的判断方法就是把浸泡后的大豆扭成两瓣，以豆瓣内表面基本呈平面，略有塌坑，手指掐之易断，断面已浸透无硬心为宜。

2. 水温和浸泡时间　大豆为黄豆、青豆和黑豆，以黄豆为优。浸泡温度不同，浸泡时间也不同，水温高，浸泡时间短，水温低，浸泡时间长。冬季水温为 5℃ 左右时，浸泡需 14～18 小时；春秋水温为 10℃～15℃，需 12～16 小时；夏季水温 30℃ 左右时，只需 6～7 小时，其间应换水。大豆经冷榨去油后的豆片，浸泡时间可缩短，以浸泡至豆片柔软为度。

3. 浸泡时水的 pH 值　浸泡时水的初始 pH 值为 6 左右。但随着时间的延长，尤其在夏天由于细菌的繁殖，pH 值会有所下降。为了提高原料的蛋白质利用率，可添加 0.3％ 的碳酸氢钠，将水的 pH 值调整至 10～12，因为黄豆中含有 30％左右的水不溶性蛋白质，经加碱处理后，会在磨浆时溶于水。尤其是陈黄豆、整粒大豆可提高出率 20％，豆片为 50％，并能增强豆腐坯的光泽及弹性。浸泡结束时，pH 值约为 7.0。

4. 对浸泡度的要求　一般大豆浸泡充分后质量为干大豆的 2～2.2 倍，体积增大 1～1.5 倍。大豆浸泡后的含水量，应为 60％左右。外观以浸泡水开始起泡、豆瓣平满、豆片软柔为度。若泡得不透心，则磨不细，原料利率低；如果浸泡过度，则大豆发泡、膜发软，磨浆制坯后发糟，达不到洁白细嫩，柔软有劲的要求。检验大豆浸泡是否适度的方法是将大豆掰成两半，如豆瓣内侧已经基本呈平面，中心部位略呈浅凹面，则浸泡适度。若豆瓣内侧完全呈平面，则浸泡过度。若豆瓣内侧有深凹陷，则浸泡不足。豆瓣呈乳白色或中心稍有淡黄色均为合适。若大豆浸泡时间过长，则会污染微生物而导致酸败，甚至造成逃浆现象，而不成豆腐。

为了增加豆浆的提取率，在大豆浸泡过程中可采取一些措施。

（1）加入碱性物质　碱性环境可以增加大豆蛋白和干物质的提取率，尤其夏季可以防止浸泡水变酸。但过多会增加浸泡损失并使风味变差。一般加入原料大豆 0.3％～0.5％的碳酸氢钠浸泡。这种方法简单易行，不需要增加额外的设备，是目前普遍采用的方法。

（2）电解还原处理　陈大豆由于贮存时间较长，生命活动消耗了其本身的一部分蛋白质，且经过夏季高温，大豆球蛋白中的巯基氧化为链间二硫键同时，大豆蛋白质部分变性，从而使大豆蛋白的溶解度降低，制成的豆腐凝出频率低，凝胶强度低，保水性差。因此，可以通过电解还原处理陈大豆使其被复新。其具体操作方法：在大豆浸泡槽中加入电解装置（图 3-3），将大豆处于阴极室，利用阴极水（具有乳化活性指数增加和良好的还原性的特点）浸泡大豆以切断二硫键从而增加蛋白质溶解度，这样处理而制成的豆腐凝胶强度增加 10%～20%，失水率降低 13% 左右。

5.浸泡设备　小型生产可采用木桶或水缸泡料。工业化大生产以往多使用方形的水泥池泡料或不锈钢浸泡设备，形式主要有两种，即圆盘泡料设备（图 3－2）和立柱式泡料桶（图 3－3）。

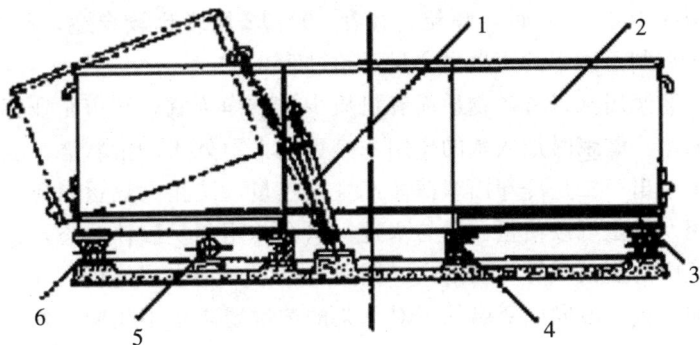

图 3－2　圆盘泡料设备
1.提升油缸　2.料桶　3.托盘　4.压力轴承　5.推转油缸　6.支撑轮

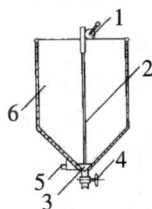

图 3－3　立柱式泡料桶结构
1.齿轮摇把　2.拉杆　3.锥形盖　4.节门　5.放水管　6.料桶

三、加水磨浆

磨浆是将浸泡适度的大豆或豆片，灌入磨孔并加进适量的水，使大豆的细胞组织得以破裂，而蛋白质随水溶出，遂呈极细的乳白色浆状。浸泡后的大豆在磨碎后破坏了细胞结构，使大豆细胞中的蛋白质和脂肪可以被容易地提取出来。磨得越碎，蛋白质膜越容易粉碎,与水的接触面积增大,有利于提高提取率。但也不能磨得过细,否则大豆中的细小纤维也会转移到豆浆中去,影响蛋白质凝胶网络的连续性,产品口感和质地变差。同时,粉碎过细也会增加动力消耗,对渣的分离不利,因为过细的豆渣容易堵塞过滤筛网,过滤阻力增大,同时豆渣过细使其表面积增大,豆渣的含水率增大。综合溶出分离效果来看,磨浆时的粒度控制在 100~120 目,颗粒直径在 10~12 微米比较合适。此外,还应控制豆渣中的蛋白质含量不超过 2.6%。

磨浆用水以含矿物质而有机质少且洁净为宜,城市企业都用自来水。磨浆时加入水的作用一是可使大豆处于润滑状态,豆糊易于流出;二是冷却因摩擦而产生的热量,防止大豆蛋白质变性作用;三是可以使蛋白质与水进行水合作用而呈胶体状态,便于大豆中的蛋白质等物质溶出。因此,磨浆时加水应均衡,并适当多加一点。不同的豆腐加工对豆浆的浓度要求也不相同,水的加量视浆的浓度要求而定,从加入干大豆的 4~12 倍不等。通常 1 千克浸泡后的大豆,可加 2.8 千克左右的水。每 100 千克大豆可磨成约 475 千克的豆糊。为了提高豆浆的提取率,可以采用分次加水,对豆渣多次提取的方法。在磨碎时也采用粗磨合细磨两步。粗磨得到豆糊,细磨后得到豆浆。磨浆细度通常要求颗粒平均细度为 15 微米左右。如果磨得过粗,则当然影响出品率;但若磨得过细,则在分离豆渣时,会使一些纤维质通网孔进入浆汁,而使豆腐坯无弹性,粗糙易碎,并易堵塞网孔而阻碍过浆。磨浆的细度,与磨片的间距,进料速度和加水量,以及磨转速有关。

磨浆的设备型号很多,从材质看主要分为石磨、钢磨和砂轮磨 3 种。

四、滤浆

磨好的豆糊,可通过过滤浆机(刮浆机)或离心机,经(90~102)目/英寸的网孔布,进行 4 次分离。即头浆和二浆合并后煮浆，三浆、四浆水作为下一批滤取头浆、二浆的用水，四浆水也可在磨浆时使用。套用洗浆水是降低豆渣蛋白质含量，提高浆汁浓度和原料利用率的有效措施。通常 100 千克大豆可制取浆汁 1000～1200 千克；100 千克豆片可制得浆汁约 1000 千克。

浆汁浓度的测定，与其澄清度密切相关。刚滤得的豆浆，浓度为 5.5～6.0 波美度；待细颗粒充分沉降后再测定，则为 1.5～1.6 波美度。豆腐坯的质量与浆汁浓度有关。若浓度过高，则蛋白质在煮浆时自行凝固，使下卤困难，凝固物的变性程度不一致；制成的豆腐坯厚实而且粗糙，得率亦较低。但如果浆汁浓度过低，则由于蛋白质分散过度，下卤后呈细小豆腐花、成坯酥碎、泔水亦带走较多的蛋白质。

滤浆时，会产生很多泡沫。可添加 0.05％以下的甘油脂肪酸酯或硅树脂类消泡剂。也可用食油的废油脚消泡，但应注意食品卫生要求。

五、煮浆

煮浆又叫冲浆，其主要作用是破坏原料中酶的活性，以提高大豆蛋白质的消化率，利于人体吸收；消除大豆中的抗营养因子和胰蛋白酶抑制因子，消除生大豆味以形成愉快豆香味，并起杀菌作用。

煮浆过程中主要的工艺参数是煮浆温度和时间。煮浆温度与浸豆程度有关，若浸豆稍欠适度，则采用 100℃的煮浆温度；若浸豆适度，则为 96℃～97℃。煮浆温度不得超过 100℃，若温度过低则不能在点卤后成豆腐花。故大多采用 95℃～100℃维持 2～3 分钟，汽源压力为 0.3MPa 以上。若温度过低而煮浆时间长，则因冷凝水过多而影响豆浆浓度，且蛋白质变性亦不充分；若温度过高、时间过长，则致使养分损失，甚至浆汁变成红色。因此一般认为煮浆操作是加热到 100℃并保温 5 分钟最为理想。

煮浆时，宜使豆浆快速升至预定温度。若升温时间长，尤其在夏天，这种半生不熟的豆浆最易变质。

煮浆设备有单罐和多罐之分，如图3-4和图3-5所示。

图3-4所示为封闭式间歇煮浆法所用设备，豆浆送入密封罐时，排气孔打开，在排气孔不关闭的条件下常压蒸煮豆浆。豆浆温度由带电接点温度计测定，到规定的温度后，电器开始动作，关闭下面的供气阀门和上面的排气阀门。打开放浆阀门并向罐内充蒸气，使罐内造成密闭压力，把豆浆全部压送出去，然后停止充蒸气，完成一次煮浆。再次煮浆打开排气口继续往罐内送浆，如此循环往复，完成煮浆工艺。

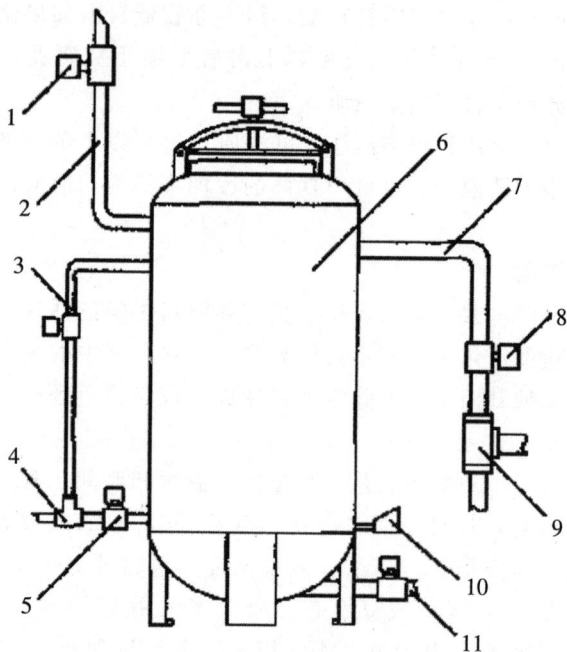

图3-4 单罐煮浆设备

1. 排气阀　2. 排气管　3. 排浆供汽管　4. 三通　5. 煮浆供气管　6. 煮浆罐
7. 进浆管　8. 电磁阀门　9. 注浆器　10. 温度计　11. 排浆阀门

图3-5所示为封闭式溢流煮浆法所用设备，是由5个封闭式阶梯罐组成溢流煮浆器，罐与罐之间有管路连通，每一个罐都设

有蒸气管道和保温夹层，每个罐就在第 1 个罐的进浆口连续进浆，通过 5 个罐逐渐加温，并由第 5 个罐的出浆口连续出浆。豆浆经第 1 个罐加热后，豆浆温度可达 40℃，第 2 个罐 60℃，第 3 个罐 80℃，第 4 个罐为 90℃，第 5 个罐为 98℃～100℃。5 个罐的阶梯高度差均在 8 厘米左右。采用溢流煮浆，从生浆进口到熟浆出口仅需 2～3 分钟，豆浆的流量大小可根据生产规模和蒸气压力来控制。目前，这是一种比较理想的煮浆方法，具有连续性、能耗低、效率高、生产规模可大可小、适用性强等特点。

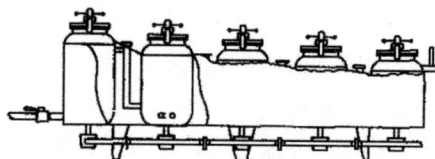

图 3—5　溢流煮浆罐结构

第二节　豆粉的加工工艺

豆粉是以全豆或脱脂豆粕为原料，经过一定的工艺加工而成的粉末状或粒状的豆制品。生产豆粉的原料大多是低温脱脂豆粕，也有以脱皮大豆作为原料的。以低温脱脂豆粕为原料加工的豆粉为脱脂豆粉，其脂肪含量一般在 1% 以下，蛋白质含量高于 50%。脱脂豆粉经添加强化营养成分后就成为各种强化豆粉。

豆粉根据其油脂含量的多少可分为全脂豆粉（是直接用脱皮大豆为原料的，其脂肪含量一般在 18% 以上，蛋白质含量不低于 40%）、高脂豆粉（含油量在 15%）以及添加卵磷脂豆粉（即在低脂或高脂豆粉中添加约 15% 的卵磷脂的豆粉）、低脂豆粉（含油量在 5%～6%）、脱脂豆粉（含油量在 1% 以下）。豆粉种类繁多，不仅可以直接食用，而且越来越多地被应用在饮料、焙烤食品及冰淇淋等领域。

一、速溶豆浆粉的加工工艺

速溶豆浆粉即以脱脂大豆为原料，经加水浸提、过滤、浓缩、喷雾等工序加工成的豆粉。

1. 速溶豆浆粉的几个特点：

（1）在不降低速溶度标准的情况下，速溶豆浆粉比传统豆浆的蔗糖添加量可减少；

（2）速溶度较传统豆浆明显提高；

（3）速溶豆浆粉耐热性好，在80℃条件下，经6小时保温速溶度不下降；

（4）豆腥味较传统豆浆明显降低。

2. 工艺流程

脱脂大豆→浸提→过滤→浓缩→喷雾干燥→豆浆粉

3. 操作要点

（1）浸出　制作豆浆粉时，首先将氮溶解度指数（NSI）高的脱脂大豆用水充分浸泡，其目的是浸出其中所含的可溶性成分。

（2）过滤　可溶性成分浸出后，用离心机对浸泡物进行过滤，去除不溶性成分，获得滤液以供后续工艺使用。

（3）浓缩　减压浓缩是将离心过滤所得的滤液进行处理，使其中的干物质含量接近15%，以利于喷雾干燥（浸出过滤后适度加热能够提高浓缩度）。

（4）干燥　在压力喷雾干燥机中将浓缩液进行干燥，制成含水量在2%～3%之间的豆浆粉。喷雾干燥机的进、出风温度应控制在180℃和90℃。

二、速溶豆粉的加工工艺

速溶豆粉又称豆奶粉，是近30年以来兴起的一种大豆加工新产品，以大豆为原料，经加工制成的高蛋白质冲剂式食品。速溶豆粉根据加工方法可分为Ⅰ型速溶豆粉和Ⅱ型速溶豆粉两类。Ⅰ型速溶豆粉是指大豆经去皮、磨浆、去渣，加入白砂糖，添加或不添加鲜乳（或乳粉）及其他辅料、浓缩、喷雾干燥制成的产品，其蛋白质含量在16.0%以上。Ⅱ型速溶豆粉是指大豆经去皮、磨浆，加入白砂糖，添加或不添加鲜乳（或乳粉）等其他辅料，喷雾干燥制成的产品，其蛋白质含量在15.0%以上。两者在加工方法上的区别在于，Ⅱ型速溶豆粉的加工工艺过程省去了分离除渣和真空浓缩过程。由于未经分离除渣，Ⅱ型速溶豆粉含有1.0%以上的不溶性膳食纤维，且蛋白质含量偏低。

1. 工艺流程　速溶豆粉是在豆乳加工的基础上，经配料、均质、杀菌、浓缩（或不浓缩）、喷雾干燥制成的。

原料大豆 ⟶ 干燥、脱皮 ⟶ 浸泡(或不浸泡) ⟶ 磨浆

豆渣

⟶ 分离除渣 ⟶ 无渣豆乳 ⟶ 原料配合 ⟶ 杀菌、脱臭 ⟶ 真空浓缩
　　　　　　　　　　　　⟶ 均质 ⟶ 喷雾干燥 Ⅰ型速溶豆粉

含渣豆乳 ⟶ 原料配合 ⟶ 杀菌、脱臭 ⟶ 均质 ⟶ 喷雾干燥

Ⅱ型速溶豆粉

2. 操作要点

(1) 原料配合　原料配合是多种多样的，为了解决速溶问题，在速溶豆粉的原料中，糖占有很高的比例。加糖的方式有以下3种：

①将白砂糖直接加到豆乳中一起加热杀菌；

②将白砂糖粉碎后于分装前与豆粉混合；

③先在豆乳中添加一部分白砂糖，杀菌、浓缩、干燥后，于包装前再混合其余的糖分。

第一种方法操作简便，但糖的加入易使微生物和酶类产生耐热性，影响杀菌和灭酶效果。另外，由于白砂糖有热熔性，在喷雾干燥塔中流动性差，容易粘壁和形成团块。所以宜采用第二种或第三种方法。

添加脂肪或乳化稳定剂时，应先经胶体磨或均质机充分乳化后再进行添加。

（2）预热杀菌　预热杀菌多采用高温短时（HTST）杀菌法或超高温瞬时（UHT）灭菌法。其中 HTST 用管式或板式杀菌机，在 86℃～94℃，24 秒或 80℃～85℃，15 秒的条件杀菌。后者采用 UHT 杀菌机，在 120℃～150℃，0.5～4 秒的条件下杀菌。两种方法都可以减少蛋白质在高温条件下的变性，这有利于提高豆粉产品的溶解性能。

（3）真空浓缩　真空浓缩应称为减压加热浓缩，在食品工业中应用十分广泛。在速溶豆粉的加工生产中，豆粉混合原料在杀菌完成后，通常要先进行真空条件下的浓缩，以脱除其中的部分水分，再经过均质以后，进行喷雾干燥。经浓缩后喷雾干燥的豆粉颗粒比较粗大，流动性、分散性、可湿性和冲调性良好，色泽也较好，并且由于采用真空浓缩工艺，豆粉颗粒内部的空气含量被大大降低了，产品的颗粒致密坚实，这既有利于豆粉的保藏，同时又有利于产品的包装和储藏。

（4）均质　均质除了可以破碎脂肪球，增进速溶豆乳产品稳定性，改善产品的口感，提高吸收率以外，同时还可以降低浓缩豆乳的黏度，而这显然有助于喷雾干燥的操作。均质过程通常采用二级均质：其压力通常一级为 18～30 兆帕，二级为 5～7 兆帕。特别是生产Ⅱ型速溶豆粉，因省去了分离除渣工序，产品中纤维含量较高，口感较为粗糙，所以最好进行两次均质。

（5）喷雾干燥　采用喷雾干燥法在速溶豆粉的大规模工业生产中十分普遍。喷雾干燥法虽然具有热效率较低，生产成本较高的缺点，但在产品的干燥过程中，由于物料受热温度低，时间短，从而使得蛋白质轻微变性，故而所得到的豆粉产品复水后溶解度高，风味和色泽也能达到令人满意的程度。

（6）冷却、筛粉、包装　干燥后的豆乳粉必须进行及时的冷却以便进行筛分和包装。冷却最好采用流化床的方法进行。空气经冷却、净化后吹入，可使粉温降至 18℃以下；同时，流化床可将细粉回收，送入干燥塔与刚雾化的乳滴重新进行接触，经重新干燥成为较大的豆粉颗粒。无流化床装置时，可将豆粉收集于粉箱中，过夜自然冷却到设定的温度。

冷却后的豆粉通过 20～30 目筛后即可进行产品的包装。如果采用充氮包装，则可以省去冷却这一操作环节。未经冷却的豆粉中具有氧气残留量较少的优点，这有利于提高产品的保藏性能。

豆乳粉的包装目前应用较多的是采用聚乙烯薄膜，特别是复合薄膜。另外也可以选用聚偏二氯乙烯薄膜，这种膜具有防水性好，气密性好的优点。当豆粉需要长期保存时，最好采用真空充氮的马口铁罐包装。

三、豆乳粉的加工工艺

豆乳粉是指以整粒大豆为原料，经粉碎、磨浆或加水抽提、过滤、喷雾干燥等工序加工而成的粉末状豆制品，又称干燥豆乳。豆乳粉包括以下 6 个种类：淡豆乳粉、甜豆乳粉、花色豆乳粉、强化豆乳粉、冰淇淋豆乳粉、混合豆乳粉。目前，根据豆乳制备方法的不同，豆乳粉的生产方法主要有湿法制备豆乳、干法制备豆乳和半干湿法制备豆乳 3 种，本章主要介绍半干湿法和湿法工艺。

1. 半干湿法制备豆乳粉加工工艺流程与操作要点

（1）工艺流程

大豆→除杂质→干燥脱皮→灭酶→粗磨浆→细磨浆→浆渣分离→豆乳→配料→杀菌→真空浓缩→均质→喷雾干燥→豆乳粉

（2）操作要点

①大豆清选　采用清选机将大豆中的杂质、尘土、虫蛀豆和霉变豆去除。

②烘干　烘干的目的是利于大豆脱皮。大豆水分应控制在 11%～12% 的范围内，水分过高不利于脱皮，水分过低易引起蛋白质的变性，从而影响出浆率。

③脱皮　要求脱皮率不低于 85%。

④灭酶失活　该工艺操作是将脱皮后的大豆在失活机中进行

加温加压处理，从而使酶钝化，并加入一定量的碱液使大豆软化。灭酶目的是为了钝化脂肪氧化酶以防止产品带有豆腥味，同时也可消除抗营养因子。

⑤粗磨　采用牙板磨作粗磨机一方面可大大提高磨浆效率，另一方面牙板磨故障少，使用寿命长。粗磨时所用的热水、碱水及温水均由失活机供给，用水量以分渣后豆乳浓度在 8%～10% 之间为准。

⑥精磨　精磨的目的是使粗磨后的豆乳进一步微细化，更利于大豆蛋白质的提取，增加原料利用率。生产中一般采用胶体磨进行二次精磨。

⑦浆渣分离　浆渣分离根据生产规模的不同可以采用不同的设备：较大规模生产一般可采用离析式分渣机进行分渣，较小规模可用立式分渣机进行分渣。用立式分渣机进行分渣时，采用 130～150 目的筛网较合适。最好采用两台分离机交替使用，以便间歇清洗，利于加工的连续进行。

⑧杀菌与配料

配料：目前一般均在豆乳中添加 40% 的砂糖和 10% 的饴糖（以干物质计）以解决豆乳粉的速溶问题，其他配料如矿物质、微量元素和维生素的加入，主要视配方要求和热敏性特点，在杀菌前或杀菌后加入。

杀菌：豆乳的加热杀菌要尽量使大豆蛋白质不变性的前提下，既要杀灭豆乳中的微生物又要破坏酶类，消除豆腥味和涩味。

⑨真空浓缩　豆乳的浓缩是为了提高豆乳的干物质含量而采用加热的方法使豆乳中的一部分水分汽化并不断将水蒸气排除的工艺。为了减少豆乳中营养成分的损失和有利于喷雾干燥时豆乳粉形成大颗粒，一般采用减压蒸发的方法，即真空浓缩。

⑩均质　均质可以降低豆乳的黏度，使凝聚的蛋白质颗粒破碎变成细小的颗粒，并可使脂肪球破碎成小脂肪球，有利于提高豆乳粉的溶解度和吸收率。均质的条件和方法与乳粉制造相似。

⑪喷雾干燥　目前国内外生产豆乳粉普遍采用的是喷雾干燥法，原理及工艺过程与乳粉制造基本相同。

⑫包装　用聚乙烯袋包装，可保持 3 个月不变质。如长期储存，则应用复合薄膜包装或充氮包装。

2. 湿法制备豆乳粉加工工艺流程与操作要点

（1）工艺流程

大豆→除杂质→浸泡→磨浆→浆渣分离→豆乳→配料→杀菌→真空浓缩→均质→喷雾干燥→豆乳粉

（2）操作要点

①清选、烘干和脱皮　同半干湿法。

②浸泡　浸泡的目的是使豆粒吸水膨胀，软化细胞结构，有利于大豆磨碎后充分提取大豆中的蛋白质。浸泡可以采用 pH 值 8～9 的碳酸氢钠溶液，时间为 6～8 小时，冬季室温 10℃时浸泡 10～12 小时，夏季室温 27℃时浸泡 4～6 小时。浸泡后的大豆体积应膨胀到原来的 2～2.2 倍。浸泡用水量为大豆量的 5 倍。

③磨浆　在磨浆前将大豆用清水洗干净，并且磨浆用水不能使浸泡用水，磨浆后呈白色糊状，分离后得大豆乳浊液。为了钝化脂肪氧化酶、防止豆腥味的产生，可热水磨浆，水温为 85℃～90℃，磨浆时总用水量应控制在大豆量的 8 倍左右。

④分离　分离条件为：温度 45℃～80℃，浓度在 8%～10%。

第三节　豆粉的质量标准

一、豆浆粉质量指标

豆浆粉的理化指标和微生物指标见表 3-1 和表 3-2。

表 3—1 豆浆粉的质量标准

项 目	指 标
透明度	澄清、透明
气味	无味、口感好
水分及挥发物（％）	≤0.10
杂质（％）	≤0.05
酸价（毫克 KOH/克）	≤0.3
过氧化值（meq/千克）	≤10
冷冻试验（0℃冷藏 5.5h 以上）	澄清、透明
不皂化物（％）	≤1.0
烟点（℃）	≥220

表 3—2 豆浆粉的微生物指标

项目	细菌总数 （个/克）	大肠菌群 （MPN）/ （个/100 克）	致病菌 （指肠道致病菌和致病性球菌）
指标	≤30 000	90	不得检出

二、豆乳粉质量指标

豆奶粉的理化指标和微生物指标见表 3—3 和表 3—4。

1. 感官指标　微黄色泽，良好的口味和口感，组织结构状态中等，吸水性为 30 分钟不易结块。

2. 理化指标

表 3—3 豆乳粉产品质量理化指标

项目	指标	项目	指标
水分	35％	溶解度	82％
粗脂肪	7％	速溶度	78％
粗蛋白质	52％		

表 3—4　豆乳粉产品质量微生物指标

项目	细菌总数	致病菌
指标	1000 个/克	不得检出

三、速溶豆粉质量指标

根据相关规定（QB2075—1995），速溶豆粉（豆乳粉）的理化指标和微生物指标见表 3—5 和表 3—6 所示。

表 3—5　速溶豆粉的理化指标

项　　目	Ⅰ型		Ⅱ型	
	优级品	合格品	优级品	合格品
水分/%≤	3.0	4.0	3.0	4.0
蛋白质含量/%≥	18.0	16.0	17.0	15.0
溶解度（重量法）/%≥	97.0	92.0	92.0	88.0
总糖（以蔗糖计）含量/%≤	55.0	60.0	55.0	60.0
脂肪含量/%≥	8.0	7.0	9.0	8.0
沉淀指数	—	—	0.05	0.1
水溶性膳食纤维含量/%≥	—		1.0	
酸度（以乳酸计）（克/千克）	10.0			
灰分/%≤	3.0			
砷含量（以 As 计）/（毫克/千克）≤	0.5			
脲酶活性	阴性			
铜含量（以 Cu 计）/（毫克/千克）	10.0			
铅含量（以 Pb 计）/（毫克/千克）≤	1.0			
食品添加剂	应符合国家标准			

表 3－6　速溶豆粉的微生物指标

项目	大肠菌群 （近似数）/ （个/100 克）	细菌总数 （个/克）≤	致病菌 （指肠道致病菌和致病性球菌）
指标	90	30 000	不得检出

第四章　腐竹的加工工艺

第一节　概　　述

腐竹是一种营养价值高（蛋白质 50%，脂肪 25%），易于贮存，食用方便，可制作成多种美味佳肴的素制品。它是由煮沸后的豆浆，经一定时间保温，浆面产生软皮，揭出烘干而成的。它的别名很多，如豆腐皮、豆腐衣、腐皮及豆笋等。现代科学技术证明，腐竹是由热变性蛋白质分子以活性反应基因借次级键聚结成的蛋白质膜，其他成分在薄膜形成过程中被包埋在蛋白质网状结构之中，不是构成薄膜的必要成分，用电子显微镜可以观察到小于 0.5 微米的脂肪球。当煮熟的豆浆保持在较高的温度条件下时，一方面浆表面的水分不断蒸发，表面蛋白质浓度相对增高；另一方面蛋白质胶粒获得较高的内能，运动加剧，这样使得蛋白质胶粒间的接触、碰撞机会增加，次级键形成容易，聚合度加大，以致形成薄膜，随时间的推移，薄膜越结越厚，到一定程度揭起烘干即为腐竹。

有资料介绍，腐竹的断面显微结构不是连续均一的，它包含高组织层和低组织层两部分。靠近空气的一层质地细腻而致密为高组织层；靠近浆液的一层，其质地粗糙而杂乱，为低组织层。

腐竹的加工原理是利用蛋白质的成膜性。大豆蛋白质分子在加热变性后分子结构发生变化，由球状结构转变成相对开放的结构。蛋白质分子之间通过以非共价键为主的此级键相互交联，形成了网状的结构，即蛋白质膜。蛋白质以外的成分在膜形成过程中被包埋在蛋白质网状结构之中。

第二节　加工工艺

腐竹的加工过程首先是制备豆浆，然后将豆浆加热，当煮熟的豆浆保持在较高的温度条件下时，豆浆表面的水分不断蒸发，液体表面蛋白质浓度相对增高；另一方面大豆获得较高的内能，运动加剧，这样使得蛋白质胶粒间的接触、碰撞机会增加，次级键容易形成，聚合度加大，以致形成膜，随时间推移，薄膜越结越厚，到一定厚度揭起烘干即为腐竹。

1. 工艺流程

大豆→选料除杂→脱皮→浸泡→磨浆→煮浆→过滤→加热→保温揭竹→烘干→包装→成品

2. 操作要点

（1）浸泡　浸泡加水量为大豆的 4 倍左右。浸泡时间冬季16～30小时，春秋季 8～12 小时，夏季 6 小时左右。要求浸泡至大豆的两瓣劈开后呈平板。日本在腐竹工厂化生产过程中采用高温短时浸泡，65℃浸泡 1 小时，可以大大缩短腐竹的生产周期，以提高腐竹的产量。

（2）磨浆与过滤　在浸泡好的大豆中加入比原料大豆重 7～8 倍的水，磨浆，然后过滤去除豆渣。腐竹生产对豆浆浓度有一定要求。豆浆浓度低，蛋白质含量少，蛋白质分子不易产生聚合反应，因而影响成膜速度，使能耗加大。一般豆浆固形物含量为5.1％时，腐竹出品率最高。但固形物含量超过 6％时，由于豆浆形成胶体速度过快，腐竹出品率反而降低。因此，生产过程中应严格掌握好加水量，不能太多或太少，以防豆浆浓度过高或过低，影响腐竹形成的速度和出品率。

（3）煮浆　将所得豆乳放在煮浆锅内，加热烧开煮透。煮浆不能过火，以免影响产品色泽。煮浆后再进行过滤，以进一步除去细小杂物及细渣，以免糊锅而影响产品的质量和出品率。

(4) 加热揭竹　将煮透过滤后的豆浆倒入锅内，然后用文火加热，使锅内温度保持在 85℃～95℃，同时不断向浆面吹风。豆浆在接触冷空气后，就会自然凝固成一层油质薄膜（约 0.5 毫米），然后用小刀从中间轻轻划开，使浆皮成为两片，再用手分别提取。浆皮提取遇空气后，便会顺流成条，每 3～5 分钟形成一层浆皮后揭起，直至锅内豆浆揭干为止。

实践证明，将揭竹温度控制在 80℃左右，所形成的腐竹色泽最佳。若温度始终保持在 85℃以上，则腐竹的色泽发生由淡黄色向褐色转变，且越来越深，越来越明显。最初浆皮黄亮，口味醇香，品质好。后续浆皮渐变为灰黄色，其主要原因是在长时间的加热保温过程中，豆浆中的糖类受热分解为还原糖。豆浆中的氨基酸，特别是赖氨酸和苏氨酸与还原糖反应生成类似酱色的色素（即碳氨反应）。这不仅影响腐竹的色泽，而且造成某些氨基酸损失，破坏了蛋白质中氨基酸的配比，从而降低了蛋白质的营养质量。

在加热揭竹过程中，豆浆的 pH 值会因有机物的分解而逐渐下降，且温度越高，下降越快。在一般情况下，豆浆的初始 pH 值为 6.5 左右。如果豆浆的 pH 值低于 6.2，豆浆便会出现稠黏状，表面结皮龟裂、不成片。试验表明，pH 值为 9 时，腐竹得率最高，但颜色较暗，因此 pH 值 7～8 为最佳。

揭皮车间要求空气通畅，这样浆皮表面蒸发的水蒸气易及时排除，有利于结成浆皮。如果通风不畅，豆浆表面的水蒸气分压过高，不利于水分蒸发和浆皮的形成。因此，揭竹车间的通风换气是腐竹加工的必要条件之一。

为了提高腐竹出品率和成膜速度，通常在工业化生产中采用以下方法：

一是向豆浆中添加少量分离大豆蛋白质以提高腐竹出品率，其原因是豆浆中大豆蛋白质含量为 1.5%～3.0%时，腐竹出品率最高。

二是向豆浆中添加磷脂对腐竹出品率有明显改进。磷脂是大豆蛋白膜的表面活性剂，它能促使大豆蛋白膜胶态分子团的形成。磷脂可以与分离大豆蛋白质开放的次级键结合，形成磷脂—蛋白复合物或将分散的蛋白质吸附在大豆蛋白质薄膜上。

三是脂类的乳化作用对腐竹薄膜的形成有促进作用，在腐竹生产时，向豆浆中添加 0.02％的红花油少量，能促进腐竹成皮速度。

（5）干燥　将挂在竹竿上的浆皮送到干燥室，在 35℃～45℃的温度条件下烘 24 小时，使其脱水干燥。要求干燥要均匀，特别是在浆条搭接处或接触处含水量不能太高。干燥后即成腐竹，要求腐竹含水量在 8％～12％。

第三节　腐竹的质量标准

1. 感官指标　浅黄色、有光泽、味正、枝条均匀、有空心、无杂质及异味。

2. 理化指标　水分不低于 10.00 克/100 克豆腐；蛋白质不低于 40.00 克/100 克豆腐；脂肪不低于 20.00 克/100 克豆腐。

3. 卫生指标　砷（As）/（毫克/千克）≤0.05；铅（Pb）/（毫克/千克）≤1.0。

第五章　豆腐与豆腐乳的加工工艺

　　豆腐是利用大豆为原料加工制成的高度水解化的大豆蛋白质凝胶产品。其制作过程分成两步：第一步将大豆浸泡、制浆加工成豆浆（大豆蛋白溶胶），第二步是将豆浆煮熟并添加凝固剂，使其凝固成形，适当加压并排出一定量的自由水分，即可得到具有一定形状、弹性、硬度和保水性的大豆蛋白凝胶体——豆腐。水豆腐、豆腐干与干豆腐的生产工艺如图 5-1 所示。本章主要介绍豆腐与豆腐乳的加工过程。

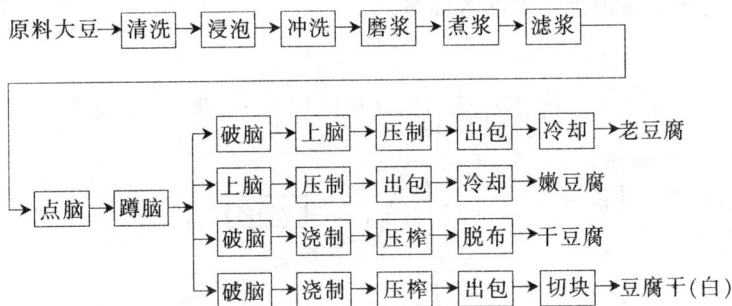

原料大豆 → 清洗 → 浸泡 → 冲洗 → 磨浆 → 煮浆 → 滤浆

点脑 → 蹲脑

破脑 → 上脑 → 压制 → 出包 → 冷却 → 老豆腐
上脑 → 压制 → 出包 → 冷却 → 嫩豆腐
破脑 → 浇制 → 压榨 → 脱布 → 干豆腐
破脑 → 浇制 → 压榨 → 出包 → 切块 → 豆腐干(白)

图 5-1　水豆腐、豆腐干与干豆腐的生产工艺

第一节　豆腐加工工艺

　　豆腐起源于中国，相传是汉朝淮南王刘安（公元前 178～前 122 年）发明的，距今已有 2000 多年的历史。后来豆腐又传入日本、韩国等其他东亚国家，因此，这些地区都有食用豆腐的传统。近年来，由于人们对大豆的营养价值和保健功能的认识不断

深入，豆腐在欧美等地区也开始流行起来。

在我国常见的豆腐有南豆腐、北豆腐、内酯豆腐、老豆腐、花色豆腐、水豆腐、嫩豆腐等产品，其制作工序见图5-2所示。

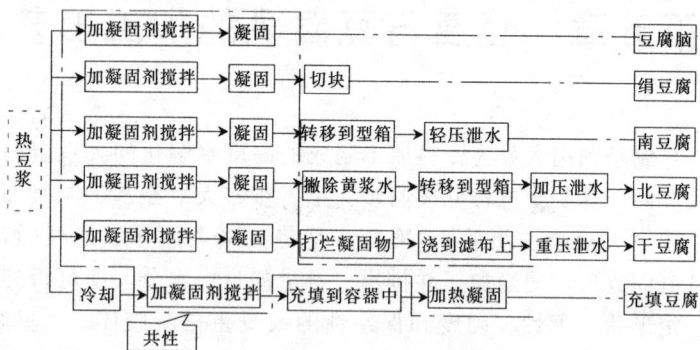

图5-2 不同类型豆腐基本制作工序

一、豆腐加工的基本环节

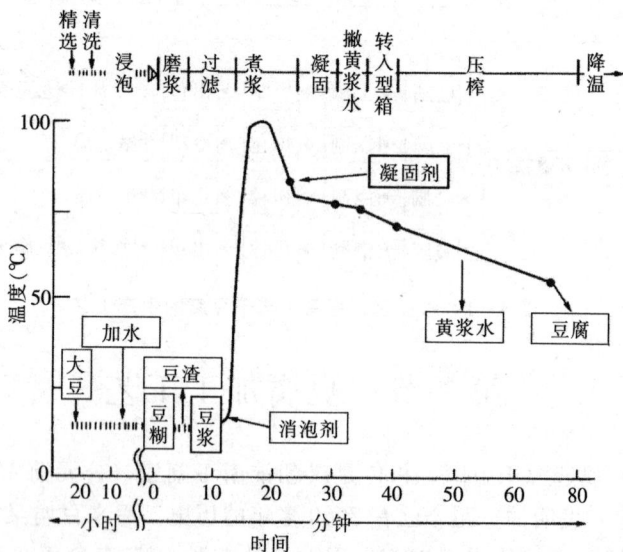

图5-3 北豆腐生产流程示意图

无论生产哪种豆腐，其工艺过程均包括原料的处理、豆浆的制备和凝固成型3个环节。凝固剂的添加等因素都可影响豆腐产量和质量。图5-3是北豆腐生产流程示意图。本章内容对于大豆清理、浸泡、磨浆、分离、煮浆等是在第二章内容的基础上进行介绍。

1. 大豆的选择　制豆腐的原料以原大豆为佳，普通豆腐只能利用其可溶性蛋白的70％左右。低变性脱脂豆粉也可作为制豆腐的原料，但由于含油少，产品的风味和口感受到影响。除了油炸豆腐可以全部用脱脂豆粉外，一般认为采用大豆与脱脂豆粉混合作为原料生产，既经济又能取得较好的效果。大豆与脱脂豆粉的混合比为7∶3或8∶2比较适合。

大豆干燥、流通和贮藏过程中的高温高湿条件，有可能使大豆不溶性蛋白质增加，豆浆中的可溶性蛋白质含量相对减少，降低了豆腐的得率。另外，大豆病虫害不但使豆制品的风味变坏，而且易影响产品的色泽和保存性。开裂和破碎的大豆在浸泡过程中易过分吸水使大豆腐败变质，因此要加以注意。

2. 煮浆　煮浆主要作用是使蛋白质充分变性，以利于点卤凝固，也会使大豆蛋白变性为凝固成型作准备。经煮熟的豆浆，再通过（80～100）目振动筛，然后泵入点浆缸。

煮浆过程中主要的工艺参数是煮浆温度和时间。若70℃下加热豆浆会在凝固成型阶段不会凝固；若80℃下加热豆浆则凝固极嫩；若90℃加热豆浆20分钟，则可以制得具有通常弹性的豆腐并略带豆腥味；若100℃加热豆浆5分钟，所得豆腐弹性理想，豆腥味消失；超过100℃加热豆浆，则豆腐的弹性反而不够理想。

煮浆方法主要包括下列几种：

（1）电热管加热　在容器中安装加电热管，对豆浆加热。也可以安装测温、控温和定时装置。此方法生产能力也比较小，只在小型工厂或作坊中使用。

（2）直接蒸气加热　简单的做法是将蒸气管直接通入盛有豆

浆的容器中，利用蒸气与豆浆直接接触进行加热。但如果锅炉来的蒸气含有杂质，会影响产品质量，另外，通入蒸气后，蒸气冷凝形成的水会降低豆浆的浓度。

（3）间接蒸气加热　最早是采用夹层锅、冷热缸或盘管对豆浆进行加热。目前利用板式换热器、管式换热器等连续加热方式。此方法一般是利用锅炉的高温蒸气对豆浆进行加热，生产能力较大，一般大中型的豆腐加工企业均采用。

（4）通电加热　一般在物料上施加电源频率为 50～60 赫兹的电场使物料将发生极化，极化方向随电场而变化，随着电场变化频率的升高，物料内产生介电损耗将增加。物料内部产生的介电损耗使物料内部产生能量而被加热。这时可不考虑介电损耗所产生的热量。但当所使用的电源频率较高时，物料内产生的热量应是电导加热和介电加热之和。通电加热与微波加热一样，都是将电能转化成热能，不需要物体表面和内部存在的温度差作为传热的推动力，而是在物料的整个体积内自身产生热量，故称为体积加热法，即内部加热法。

日本已经开发出豆腐的通电加工设备。豆腐的凝固、成型、切断和包装可以在一个装置上完成，与传统豆腐加工方法相比，设备占地面积大大减少。另外，日本也开发出小型的通电加热设备，非常适合前店后厂或连锁经营方式，这样既可以让消费者随时吃到新鲜的豆腐，又解决了豆腐的保存问题。

3. 豆浆的凝固剂筛选　凝固就是豆浆在热与凝固剂的共同作用下，使大豆蛋白质在凝固剂的作用下发生变性，使豆浆由溶胶状态变为凝胶状态，其实质上就是大豆蛋白形成凝胶的过程。凝固是豆腐生产过程中最为重要的工序，可分为点脑和蹲脑两个部分。蛋白质的凝胶特性受蛋白质浓度、热处理程度、pH 值、离子强减等诸多因素的影响，且内酯豆腐（充填豆腐）的凝胶特性与南豆腐和北豆腐的凝胶过程不完全相同。

可选大豆蛋白的凝固剂有盐类、酸类和酶凝固剂等。

（1）盐类凝固剂　盐类凝固剂主要有钙盐和镁盐两类。

钙盐常用的形式为熟石膏（$CaSO_4 \cdot 1/2H_2O$），是南豆腐（南方豆腐）常用的凝固剂，其使用量为（2.2～2.8）千克/100千克大豆。镁盐常用的形式为卤水（有液体和固体两种形式），是北豆腐（北方豆腐）常用的凝固剂，其使用量为（2～5）千克/100千克大豆（以固体计）。镁盐对大豆蛋白的凝固速度快，出品率较低，但风味好；而钙盐相对较慢，凝固过程相对容易控制，豆腐的出品率较高。此外，在充填豆腐的生产中也可以使用氯化镁、硫酸镁和氯化钙，或它们的混合物。硫酸钙由于溶解性较差，不适合在低温时加入，因而很少单独使用。

实际生产中多使用的是盐卤，其主要成分是氯化镁，还含有硫酸镁、氯化钠、溴化钾等成分，具有苦味。通常是将卤块溶化成苦卤后点浆。盐卤的浓度为28波美度，也可冲淡成15～16波美度后使用。每100千克大豆制成约1200千克豆浆，需用28波美度的盐卤约10千克；使用18波美度的盐卤，要求浆汁的浓度为10%～12%，点浆后豆腐具有甜味和特有的风味，但应与葡萄糖内酯，石膏配合使用，否则豆腐易散碎。

点浆时，可左手持小口壶，将壶中的盐卤以细流注入热豆浆中，右手握钢勺在豆浆中轻轻划动，直滴至盐卤与豆浆充分混匀，蛋白质逐渐凝固与水分离为止。然后将少量的盐卤浇于液面，再静置养浆约5分钟，使蛋白质进一步凝固而不过快收缩。最后进行扳浆，动作应轻缓而有力。经扳浆后，蛋白质已基本上全部凝固。在点卤过程中，下卤不能太急，流量要均衡，边下卤，边搅动，边观察。通常只点八成浆，不宜太老或太嫩。太老则压榨时走水快，豆腐粗糙；太嫩则易粘帕，走水慢，压榨困难，豆腐无韧性。

（2）类凝固剂　类凝固剂主要包括葡萄糖酸－δ－内酯、有机和无机酸、发酵的酸汤（浆）。

葡萄糖酸－δ－内酯是一种较新的凝固剂，易溶于水，为白色晶体，在常温下缓慢水解，加热时水解速度加快，水解产物为葡萄糖酸。葡萄糖酸可使蛋白质凝固沉淀，内酯豆腐的生产就是基于这一原理。葡萄糖酸－δ－内酯的水解速度受温度和 pH 值的影响。温度越高凝固速度越快，凝胶强度也大。通常在 66℃以上时，葡萄糖酸－δ－内酯可逐渐转变成葡萄糖酸，并随温度和 pH 值的升高而作用加快，但产品过嫩，弹性和韧性小；70℃时虽然也可凝固，温度接近 100℃，豆浆处于微沸状态，产品易形成气泡。因此一般选择温度在 90℃左右。pH 值在中性时内酯的水解速度快，pH 值过高或过低都会使水解速度减慢。当温度为100℃，pH 值为 6 时，有 80%水解为葡萄糖酸；pH 值为 7 时，可达到 100%的水解程度。使用葡萄糖酸－δ－内酯作为凝固剂，制成豆腐组织细腻，保水性和保型性均良好。但略呈微酸味，因此最好与盐卤或石膏配合使用。通常葡萄糖酸－δ－内酯的用量为 0.01 摩尔/升。混合使用时葡萄糖内酯浓度为 0.01 摩尔/升，氯化镁浓度为 0.007 摩尔/升或将 20%～30%的葡萄糖内酯与80%～70%的石膏混合再使用。

酸汤也是酸类凝固剂的一种。我国部分地区采用豆腐生产中滤掉的豆腐黄浆水，经自然发酵酸化成酸汤，作为豆腐的凝固剂。这种酸汤对豆浆的凝固作用比较强，生产出的豆腐凝固性好，并有独特的豆香味，在其生产销售范围内很受消费者的欢迎。醋酸、乳酸和枸橼酸等也可以作为大豆蛋白的凝固剂，但在生产中很少应用。

（3）酶类凝固剂　　主要为转谷氨酰胺酶和蛋白酶。

在豆制品行业，可以利用转谷氨酰胺酶将豆乳凝固成凝胶，从而开创一种新的凝固方法。转谷氨酰胺酶使蛋白质之间发生交联后可以改善食品质构（凝胶特性）、溶解性、乳化性、起泡性等功能性质，同时赖氨酸受到保护，防止美拉德反应的发生。但价格比较贵，目前，一般与盐类等其他凝固剂混合使用以降低成本。转谷氨酰胺酶凝固大豆蛋白的条件是：酶的加量（10～40）

单位/克蛋白质，温度 20℃～50℃内随温度升高催化能力加强，超过 60℃很快失活。pH 值在 6～8 之间活力较高，pH 值超过 8 时酶活力下降。

蛋白酶虽为一种蛋白质水解酶，但在一定条件下可以使豆乳凝固。商品蛋白酶多为中性和碱性蛋白酶，无论是来自于动物、植物或微生物，一般凝固豆乳的能力都比较强。但无论是商品蛋白酶，还是由豆乳凝固微生物获得的蛋白酶，与用无机盐和内酯凝固的豆乳凝胶相比，得到的豆乳凝固物强度低，乳清的压榨分离效果差，严重限制了这一技术的应用。因此，蛋白酶虽然可以凝固豆乳，但并不能单独用于豆腐加工，要和盐类等凝固剂混合使用。另外，蛋白酶的加入方法和加入条件也有待于进一步研究。

4. 点脑　点脑又称为点浆、点花，是豆腐生产中的关键工序，主要是把凝固剂按一定的比例和方法加入到煮熟的豆浆中，将豆浆的 pH 值调整至蛋白质的等电位点，使大豆蛋白质溶胶转变成凝胶，即豆浆变为豆腐脑（又称为豆腐花）的过程。

影响豆腐脑质量的因素有很多，如大豆的品种和质量、水质、凝固剂的种类和添加量、煮浆温度、点浆温度、豆浆的浓度与 pH 值、凝固时间以及搅拌方法等会对凝胶过程产生一定的影响。其中又以温度、豆浆浓度、pH 值、凝固时间和搅拌方法对质量影响最为显著。

（1）点脑温度　点脑时蛋白质的凝固速度与点脑温度高低密切相关。若点脑温度过高，易使豆浆中的蛋白质胶粒的内能增大，凝聚速度加快，所得到的凝胶组织易收缩，凝胶结构的弹性变小，保水性变差，同时，由于凝胶速度太快，加入凝固剂时要求的技术较高，稍有不慎就会导致凝固剂分布不均，凝胶品质极差。若点脑温度过低时，凝胶速度慢，导致豆腐含水量增高，产品也缺乏弹性，易碎不成型。因此，点脑温度应根据产品的特点和要求，以及所使用的凝固剂种类、比例和点脑方法的不同灵活掌握。

一般来说，点脑温度越高，则豆腐的硬度越大，表面显得越粗糙。南豆腐和北豆腐的点脑温度一般控制在 70℃～90℃ 之间；要求保水性好的产品（如水豆腐）的点脑温度宜稍低一些，以 70℃～75℃ 之间为宜；要求含水量较少的产品（如豆腐干）的点脑温度宜稍高一些，常在 80℃～85℃。以石膏为凝固剂时的点脑温度可稍高，盐卤为凝固剂时的点脑温度可稍低，而对于充填豆腐，由于凝胶速度特别快，因此一般要将豆浆冷却后再加入凝固剂。

（2）凝固时间　凝固时间对凝胶特性有很大的影响。当蛋白质含量为 5.3％，凝固剂的比例为 0.6％，凝固温度为 70℃ 时，豆腐的硬度在最初 40 分钟内变化最快，凝胶基本完成，但即使在 2 小时后，豆腐的硬度也还在不断增加，因此冲浆后豆腐至少应放置 40 分钟以上，保证凝胶过程的完成。不过凝胶过程中应注意保温，防止温度下降过快影响后续成型过程。

（3）凝固剂的比例　凝固剂的比例是影响点脑质量的最重要因素。凝固剂比例受到蛋白质含量、点脑温度的影响，但一般来说，若凝固剂的量少，则凝固不充分而使豆腐硬度降低；若凝固剂的量过多，则易发生凝胶不均，离析水增加，得率下降。

（4）豆浆的浓度　豆浆的浓度是影响凝胶质量的另外一个重要因素。豆浆的浓度主要是指豆浆中的蛋白质浓度。豆浆浓度高，生成的脑花块大，持水性好，有弹性。但浓度过高时，凝固剂与豆浆一接触，就会迅速形成大块脑花，造成凝胶不均和白浆等现象；豆浆的浓度低，点脑后形成的脑花太小，保不住水，产品发死发硬，出品率低。点脑时豆浆中蛋白质浓度要求北豆腐为 3.2％ 以上，南豆腐为 4.5％ 以上，只有这样，才有可能获得质量比较好的豆腐制品。因此，在控制整个生产过程的加水量时以 1 千克大豆加工的豆浆量为依据，南豆腐多为 6～7 倍，而北豆腐为 9～10 倍。

（5）搅拌的速度、时间和方式　为了使蛋白质在凝固前与凝固剂完全和均匀的混合，在点脑时要加以搅拌。豆浆的搅拌速度和时间，直接关系着凝固效果。若搅拌速度慢，凝固剂的使用量就多，凝固的速度缓慢，使得凝固物的体积增大、硬度降低。若搅拌速度越快，凝固剂的使用量就越少，凝固的速度就快，相应的凝固物的结构和体积变小、硬度增加。

搅拌的速度要视产品品种而定，而搅拌时间要视豆腐花的凝固情况而定。如豆腐花已经达到凝固要求，就应立即停止搅拌，防止破坏凝胶产物。这样，豆腐花的组织状况就好，产品细腻柔嫩、有劲，产品得率也高。如果搅拌时间没有达到凝固的要求，豆腐花的组织结构不好，柔而无劲，产品不易成型，有时还会出现白浆，也影响产品得率。如果搅拌时间过长，豆腐花的组织被破坏，则凝胶的持水性差，品质粗糙，成品得率低，口味也不好。

搅拌方式要保证豆浆与凝固剂完全和均匀的接触。在这种条件下，凝固剂能充分起到凝固作用，使大豆蛋白质全部凝固。如果搅拌不当，可能使一部分大豆蛋白质接触过量的凝固剂而使组织粗糙，另一部分大豆蛋白质接触的凝固剂不足，而不能凝固，影响产品的产量和质量。

5. 蹲脑　蹲脑又称为养浆、养花或涨浆，是大豆蛋白质凝固过程的继续，即豆浆中绝大部分蛋白质凝固后，具网状结构尚未牢固，且仍有一部分蛋白质处于凝固阶段，故须静置 20 分钟左右。点脑操作结束后，蛋白质与凝固剂的凝固过程仍在继续进行，蛋白质网络结构尚不牢固，只有经过一段时间后凝固才能完成，组织结构才能稳固。

蹲脑过程宜静不宜动，否则，已经形成的凝胶网络结构会因振动而破坏，使制品内在组织产生裂隙，外形不整，特别是在加工嫩豆腐时表现更为明显。通常点浆要求嫩一些，但蹲脑时间不宜太短，如果未经蹲脑而仓促压榨，则豆腐的保水性差，弹性也较差，并有一些蛋白质随着黄浆水流失。但如果蹲脑过久，则压榨时走水慢、豆腐韧性亦差，且凝固物温度下降太多，也不利于成型及以后各工序的正常进行。

6. 豆腐成型　成型就是把凝固好的豆腐脑，放入特定的模具内，通过一定的压力，榨出多余的黄浆水，使豆腐脑紧密地结合在一起，成为具有一定含水量、弹性和韧性的豆制品。除加工嫩豆腐外，加工其他豆腐制品一般都需要在上箱压榨前从豆腐脑中排除一部分豆腐水。

豆腐的成型主要包括破脑（又称上箱）、压制、出包和冷却等工序。其操作过程：蹲脑后，豆腐花下沉，黄浆水澄清。在扳浆后2～3分钟，可插入竹滤器或虹吸管除去黄浆水。也可在竹滤器上加重物。以便于将60%的黄浆水除去。然后取榨板1块，上置2个木框，木框的高度为豆腐坯的厚度。再铺上一块疏布，并将豆腐脑装满1框后，把框外多余的布向内折，覆盖豆腐脑。然后取下1个木框再加上1块榨板，木框2个……如此反复装料。最后用压榨机榨除多余的水分。

豆腐成型时的注意事项：压榨前，应用清水或沸水将工具洗净。上榨时，应按花的老嫩，抽水的程度，缸内上下层花的状况等因素，掌握和运用花嫩多上，花老少上，缸面花多上，缸底花少上的原则；包坯上榨的动作也要轻巧。压榨时，始压不能过大，以免堵塞排水通路。为避免微生物污染，应尽快降温和散发表面水分。

(1) 破脑　在豆腐脑的网络结构中的水分不易排出，只有把已形成的豆腐脑适当破碎，不同程度地打散豆腐脑中的网络结构，才能达到生产各种豆制品的不同要求。破脑程度既要根据产品质量的需要，又要适应上箱浇制工艺的要求。南豆腐的水量较高，可不经破脑，北豆腐只需轻轻破脑，脑花大小在8～10厘米范围较好，豆腐干的破脑程度宜适当加重，脑块大小在0.5～0.8厘米为宜，而生产干豆腐（薄百页）时豆腐脑则须完全打碎，以完全排除网络结构中的水分。

（2）压制　豆腐的压制成型是在豆腐箱和豆腐包内完成的，使用豆腐包的目的是在豆腐的定型过程中使水分通过包布排出，使分散的蛋白质凝胶连接为一体。豆腐包布网眼的粗细（目数）与豆腐制品的成型有相当大的关系。北豆腐宜采用孔隙稍大的包布，这样压制时排水较畅通，豆腐表面易成"皮"。南豆腐要求含水量高，不能排除过多的水，就必须用细布。豆腐的压制成型应该注意：

①压力　豆腐脑上箱后，置于模型箱中，还必须加以定型，其作用是使蛋白质凝胶更好地接近和黏合，同时使豆腐脑内要求排出的豆腐水通过包布排出。加压时，主要应注意豆腐脑的温度和施加的压力及时间。压力是豆腐成型所必需的，但一定要适当。加压不足可能影响蛋白质凝胶的黏合，并难以排出多余的黄浆水。加压过度又会破坏已形成的蛋白质凝胶的整体组织结构，而且加压过大，还会使豆腐表皮迅速形成皮膜或使包布的细孔被堵塞，导致豆腐排水不足，内外组织不均。一般压榨压力在 $1\sim3kPa$ 左右，北豆腐压力稍大，南豆腐压力稍小。

②压制温度　豆腐温度过低，即使压力很大，蛋白质凝胶仍然不能很好黏合，豆腐水不易排出，加工的豆腐结构松散。一般豆腐压制时的温度应在 65℃～70℃ 之间。

③压制时间　一般压榨时间为 15～25 分钟。北豆腐在压制成型过程中还应注意整形。压榨后，南豆腐的含水率要在 90% 左右，北豆腐的含水率要在 80%～85% 之间。

（3）出包　豆腐压制完成后，应在水槽中出包，这样豆腐失水少、不沾包、表面整洁卫生，可以在一定程度上延长豆腐的保质期。

二、内酯豆腐加工工艺

1. 内酯豆腐的特点

（1）出品率高　用石膏或盐卤做豆腐，1 千克大豆只能生产

2.5～5 千克豆腐，而用内酯生产豆腐无黄浆水流失，出品率得到提高，1 千克大豆可生产出 5～6 千克豆腐；

（2）大豆利用率高，环境污染小　由于无黄浆水的排出，可溶性成分损失小，提高了营养价值，同时工业废水减少，减少了环境污染；

（3）生产效率较高　水浴加热凝固取代了传统凝固方法，加工工艺得到简化、机械化、自动化水平提高，劳动强度降低；

（4）延长了产品的货架期　内酯豆腐生产采用了加热凝固方法，有一定的杀菌作用，封闭式的包装也防止了二次污染。内酯豆腐在室温为 25℃时可保存两天不变质，而普通豆腐一般要求当天销售；

（5）内酯豆腐等充填豆腐凝胶强度较低，容易破碎，不利于操作烹调。另外，内酯豆腐由于用酸作凝固剂，有时口味发酸。虽然内酯豆腐的质地比较细腻，但口感和口味均不如传统豆腐。

2. 工艺流程

大豆→选料除杂→浸泡→磨浆→滤浆→煮浆→脱气→冷却→混合→灌装→凝固杀菌→冷却→成品

3. 技术要点

（1）制浆　内酯豆腐生产中，从选料除杂到制浆过程与普通豆腐相同，只需控制加水量，使豆浆的浓度在 10～11 波美度范围内，一般每 1 千克大豆出浆为 5 千克左右。浓度太低，产品过嫩，浓度过高，产品得率低，易老化。

（2）脱气　为了彻底排出豆浆中的气体，生产出质地细腻、表面光洁、口感细嫩的产品，采用脱气装置，将煮熟的豆浆通过扩散泵和扩散装置进入高度真空的脱气罐内，并以薄膜状态顺罐内壁流下，从而使豆浆内气体由真空泵抽出，脱气后豆浆经排浆泵送到后续工序。

（3）冷却、混合与灌装　葡萄糖酸-δ-内酯在低于 30℃的温度下与豆浆混合，添加量为豆浆的 0.25%～0.3%。混合后的浆料不允许贮存，而必须立即灌装，一般需在 15～20 分钟内分装完毕。内酯豆腐用的包装袋或包装盒，必须是耐热（100℃以上）材料制成，每个包装袋或盒的容积不宜过大，一般为 400 克为宜。

（4）凝固成型　将混合、灌装好的袋或盒装箱，连同箱体一起进入恒温床进行热固成型。加热温度为 85℃～90℃，时间为 15～20 分钟。

（5）冷却　热凝后的豆腐再于一个低温恒床中进行冷却强化，即得成品——内酯豆腐。

第二节　豆腐乳的加工工艺

豆腐乳为我国著名的民族特产发酵食品之一。它是一种滋味鲜美，风味独特，营养丰富，价格便宜，深受广大人民群众所喜爱的佐餐品。豆腐乳加工的历史悠久，早在 1500 多年前就有记载。在《本草纲目拾遗》中就有豆腐乳的记载："腐乳又名菽乳，以豆腐腌过加酒糟或酱制者，味咸甘心。"据报道，5 世纪魏代古书中记载当时我国各地都有豆腐乳生产，其中以江苏的苏州、无锡、浙江的绍兴以及广东、广西、四川、湖南等地最为著名。

豆腐乳由于形状及其配料的不同，品种名称繁多，例如添加红曲的红豆腐乳，简称为红方，又称酱腐乳、酱乳腐、酱豆腐、红豆腐、红酱豆腐、酱腐；添加糟米的豆腐乳简称糟方，又称糟腐乳、糟乳腐、糟豆腐、香糟乳腐、香糟豆腐；添加黄酒的豆腐乳称为醉方；添加玫瑰的称为玫瑰红乳腐；添加火腿的称为火腿乳腐；此外不添加酒料，成熟后具有刺激食欲的臭气，表面色青的称为青方也称臭豆腐、臭酱豆腐；在冬季加工的还有一种小白方，又称小青方；还有棋子腐乳，制造方法大同小异。

豆腐乳按色泽不同可分为白腐乳、红腐乳、别味腐乳三大类。

1. 白腐乳 又名糟豆腐，简称糟方，因上盖白色糯米酒糟，产品色白而微带黄色而得名。以苏州、无锡、绍兴及桂林产品著名。

2. 红腐乳 简称红方，因生产过程中使用红曲，故产品呈红色而得名。以绍兴、上海的奉贤、四川的夹江、黑龙江的克东产品最著名。

3. 别味腐乳 因添加其他辅料而得名。如北京玫瑰腐乳、南京的火腿腐乳、成都的辣味腐乳、安庆的是虾子腐乳，桂林的桂花腐乳等成品呈青灰色而得名。生产过程中不加酒料而有刺激食欲的臭味。如北京王致和的臭豆腐，上海、苏州、无锡的青方等。

豆腐乳以加工工艺不同也可分为三大类。

一是传统低温法酿制腐乳 通常在秋末至次年春季适于毛霉生长的季节生产。豆腐制坯后，在低温下自然培养 7～15 天。如四川夹江腐乳、绍兴老法腐乳等。产品质地柔糯、色泽光亮、香气浓郁。

二是高温法酿制腐乳 利用可在 35℃～37℃ 较高温度下生长的根霉菌生产。在 25℃～30℃ 下培养，前发酵期仅为 2～3 天。但由于高温快速发酵，故成品的香味欠浓郁。这种工艺在上海南京等地都已应用。

三是利用细菌纯种酿制腐乳 豆腐坯先用盐腌制 48 小时，使盐分达 6.5%。再接入嗜盐性小球菌，以抑制其他菌的生长，装坛前含水量降为约 45%。再添加辅料后熟。采用该法的产品成型较差，易破碎。如黑龙江的克东腐乳。

一、豆腐乳生产中的微生物学和生物化学

1. 豆腐乳生产中的微生物学

（1）自然培养的微生物 采用传统的自然发酵法生产腐乳时，参与作用的主要微生物是毛霉，如腐乳毛霉、鲁氏毛霉、总状毛霉等。还有紫红曲霉、米曲霉、溶胶根霉、青霉，以及少量

的酵母和细菌等微生物。上述毛霉有利于保持腐乳的外形，因其菌丝呈棉絮状，菌丝壁细软。毛霉菌体呈白色或淡黄色；生长速度快，抗杂菌能力强；具有蛋白酶、脂肪酶等多种酶系；不产生毒素，故能赋予产品细腻柔糯、香味独特。

（2）纯培养的菌株　主要使用毛霉菌株：在夏天生产时，使用较耐高温的根霉菌种。如四川五通桥毛霉，编号为 AS. 3. 25，从绍兴及苏州等地分离得的腐乳毛霉、鲁氏毛霉，从北京腐乳及台湾腐乳中分离的雅致放射毛霉，编号为 AS. 3. 2778；从宜兴选育的新春 3 号根霉，江苏的溶胶根霉及酵母菌株，黑龙江的小球菌等。

嫌气的后发酵中的微生物，除在前发酵中培养的毛霉，根霉及附着的少量酵母细菌外，在后发酵时又要加入红曲中的红曲霉、糟米、混合酒、黄酒中的酵母，面曲中的米曲霉等。

2. 豆腐乳发酵过程中的生物化学变化　利用微生物的酶进行复杂的生化反应。使蛋白质水解成多肽及氨基酸，淀粉糖化后发酵成乙醇、有机酸、甘油等成分，辅料中的成分亦参与作用。生成酯类等微量成分。综合形成腐乳特有的色、香、味。青方中刺激食欲的气味，是细菌作用的结果，但盐分不能太高。

二、豆腐乳加工的基本工艺

豆腐乳加工的基本工艺流程如下：

大豆→洗涤→加水浸泡→制浆→分离浆汁→煮浆→点浆→蹲脑→成型→划块→发酵→腌坯→配料→装坛→贮存→成品

豆腐乳的加工工艺主要应抓好制豆腐坯、培菌、腌制和配料4 个环节，其具体技术要点如下：

1. 制豆腐坯　大豆浸泡、制浆、煮浆的操作同豆腐生产基本相同，不同之处主要体现在以下几个方面。

（1）点浆

①点浆温度　酿制豆腐乳用的豆腐坯，由于要求其含水量较少，故点浆时比一般的食用豆腐要老一些，在压榨时也要紧

一些。

②点浆　pH 值以 6.8～7.0 为宜。若 pH＞7，则黄浆水始终呈乳白色，会损失大量蛋白质，因此黄豆浸泡时的碳酸氢钠用量不宜过量。

③凝固剂浓度　点浆老嫩与盐卤浓度，因豆性而异。若豆性软，则点浆可老些；若豆性硬，则点浆可嫩点。如豆性硬的大豆，如果使用约 16 波美度的盐卤点浆，则出水慢，能保证豆腐坯质量并提高出品率。凝固剂的浓度及用量，还与大豆品种和质量、豆浆浓度、点浆温度、pH 值，以及点浆时的搅拌速度等因素有关。

④原料　不同品种的大豆，其蛋白质含量亦各异。新大豆制的豆浆，水溶性成分多，稠度高，蛋白质凝固丰满，便于点浆。而陈年大豆则出品率低，用豆腐坯粗糙，易碎。

⑤豆浆浓度　点浆用的豆浆浓度，通常控制为 6～7 波美度。

（2）成型　要求压得厚薄均匀、四角压紧整齐、色泽正常、无气泡及麻皮现象、柔软且有弹性。压榨后的豆腐含水量，春秋为 72％，夏季为 70％，冬季为 73％。也有以品种而异的，如青方含水为 75％～76％，小白方为 82％。

（3）划块　将整板的豆腐坯取下，去布。再铺于板上，用多刀式切块机按品种规格划块。有热划和冷划两种操作法。刚压榨而得的豆腐，通常品温在 60℃左右。若趁热划块，则块应大些。冷划是待品温自然下降、表面水分散发，体积缩小后再划块。划块后，应立即送入培养室进行前发酵。

总之，在整个制坯过程中，要保持清洁卫生，减少生浆和熟浆的剩脚，以避免酸败和逃浆现象。

2. 前发酵　将豆腐坯竖立于蒸笼格或竹底的木框盘内，均匀排列，块间距为一块坯的厚度。蒸笼直径 55 厘米，高 14 厘米，竹底木框盘规格为 100 厘米×60 厘米×60 厘米。将根霉、毛霉菌株生产用种子瓶菌体悬浮液对豆腐坯接种。接种后，置于培养室内堆放，高低因季节而异，约1.5米，上层须加盖。在夏季培养时，要将容器一一平铺于地面冷却。挥发掉多余的水分后，再行堆置，以免细菌侵入而迅猛繁殖。

培养室为防空洞、地下室或地上平房。室温、品温、含水量、接种量，装料及堆放状况，以及科学管理等因素，均与培养周期有关。培养期间，应认真控制品温，及时翻笼、及时凉花，使真菌正常繁殖、长满白色的菌丝。

(1)春秋培养过程　通常室温在20℃左右。培养14小时后，开始生长菌丝。到22小时，已长满菌丝，品温开始上升。这时可进行第1次翻笼，调整上下层的位置，使品温相对平衡。培养28小时以后，菌丝已大部分成熟，可进行第2次翻笼。第32小时，可扯笼降温凉花，使菌体老化。一般培养期为2天左右。

(2)冬季培养　白天室温应保持16℃左右。通常需培养3天。即培养20小时后才开始生长菌丝。第44小时，进行第3次翻笼。52小时开始凉花，64小时搭笼凉花。

(3)夏季培养　夏季室温通常为30℃～32℃，最高达35℃以上，故不易发好，易发泡，脱皮。培养期只需1.5天。应注意细心管理。接种后须待豆腐坯表面水分发散后，再入培养室。入室后再让水分适度挥发后再盖布。约10小时内即能开始长菌丝。此后每3～5小时翻笼1次。28小时开始凉花。36小时扯笼凉花。

3.后发酵　腌坯可用池或大缸或箩作容器。离缸底18～20厘米处，置一块圆形木板，中央有直径约15厘米的孔。

(1)缸腌法　经前发酵的毛坯，先用手工打黄，即将菌丝分开或抹倒，使毛坯块上形成一层衣皮。然后将毛坯逐渐拆开。再进行合拢，使块块不相粘连。入缸时，先在木板上撒一层，再将毛坯直立呈圈地排列入缸，注意圈间紧靠。在前发酵时未长菌丝的一边称为毛坯的刀口，入缸时不能刀口朝下，以免变形。每放置一层后，用手压平全面，再撒一层盐，直至装满全缸。加盐量为下少上多。规格为4.1厘米×4.1厘米×1.6厘米的1000块毛坯，春季加盐量为 60 千克，冬季或夏季或减少或增加 2.5～5 千克。要求腌坯的含盐量为 16% 左右。但规格为 4.2 厘米×4.2 厘米×1.6 厘米的青方，每 1000 块用盐量为 47.5～50 千克。腌坯72～96 小时后要压坯，并添加食盐水或腌坯后的盐卤水，淹过坯面。腌坯周期冬季为 13 天，夏季为 8 天，春季为 11 天。在拌料装坛的前一天，应用橡皮管从中心圆孔中取出盐卤水，使腌坯收缩。若缸底的腌坯有卤汁，应沥干。若发现腌坯膜上附有杂物，应用卤汁冲除后沥干。卤汁可用于制酱或腌制酱菜。

（2）箩腌法　将毛坯平放于箩中，分层撒盐。采用该法，毛坯的受盐面积大，故只需腌 2 天即可，而成品风味较好。但用盐量较多，用酒量也增加，且操作也较麻烦。

4. 装坛，贮存　挑选坛体，注意无砂眼及渗漏现象，洗坛后晒干或烘干备用。封口材料和配料应准备齐全（黄酒、土烧酒、红曲、糟米等），数量准确。红腐乳坯入坛前，须在染红曲卤中块块 6 面染红，以免成品有夹心。装坛时要将块数点清，再按规定序注入各种辅料。装坛后加盖，用黏性黄湿泥封口或用猪血拌石灰成糊状封口，上敷一层纸，并用竹壳扎坛口。在常温下贮存，除青方和白方因含水量大而只需 1～2 个月即可成熟外，其余产品均需半年以上。

三、王致和腐乳加工工艺

王致和腐乳产于北京。相传在清康熙八年（1669 年），安徽省进京赶考的举子名叫王致和，由于京考未中，盘缠用尽而不便回乡，便在当时的安徽会馆（今北京宣武区延寿街一带）干起了卖豆腐的营生。王致和将剩下的长了许多白毛的豆腐装进坛内，用盐腌起来。几个月过后，当开坛后一股臭味散发出来，且豆腐变成豆青色，但其品质细腻鲜香可口。这就是王致和臭豆腐（也称"青方"）发明的传说。现在的北京王致和腐乳厂已发展成现代化的企业，以大块腐乳和臭豆腐为主导产品，同时也生产腐乳系列产品，如玫瑰腐乳、红辣腐乳、甜辣腐乳、桂花腐乳、五香腐乳、霉香腐乳、火腿腐乳、白菜辣腐乳、虾子腐乳、香菇腐乳、银耳腐乳等。王致和腐乳加工的工艺过程如下：

1. 制豆腐坯　选用优质大豆为原料进行浸泡，浸泡时间依季节而定。一般春秋季浸泡 10～14 小时，夏季浸泡 6～8 小时，冬季浸泡 14～16 小时。经浸泡后，大豆的体积是原来体积的 2～2.2 倍。浸泡好的大豆磨浆，利用离心机将豆浆与豆渣分离后煮浆、点浆、蹲脑、上榨、切块。

2. 接种　刚榨出的豆腐坯的温度均在 40℃以上，若此时接种则不利于菌种生长，也易污染杂菌，故接种之前先将品温降至 40℃以下。过去做腐乳是自然发酵，没有接种工序。现在是纯菌种发酵（即长毛），先将菌种扩大培养后，制成固体菌或液体菌，然后将菌种均匀地撒在或喷在豆腐坯上。

3. 发酵　接种后的坯子上附有毛霉菌的孢子，此时要在一个特定的环境下培养。在发酵阶段除了需要一定的温度、湿度外，还需有一定的空间。豆腐坯入室后，将其摆放在笼屉内，块与块之间相隔 4～5 厘米，便于毛霉生长，培养的室温为 28℃～30℃，时间为 36～48 小时，可长年生产。

4. 腌制　长满毛的豆腐坯，经人工搓开方可入池腌制。码一层毛坯，撒一层盐，用盐量根据品种不同而各异。腌制 5～7 天。腌制后的盐坯含盐量为 12%～17%。腌制完成后，放毛花卤，将豆腐捞起、淋干、装瓶。

5. 灌汤　王致和腐乳风味独特，与所加的各种辅料有一定的关系。按品种不同，汤料的配制方法各异。其主要的配料有面黄、红曲和酒类，辅之各种香辛料。汤料配制完毕后灌入已装好盐坯的瓶内封口放入后期发酵室。

6. 后期发酵（陈酿阶段）　后期陈酿需要 1～2 个月。在此期间，各种微生物及其酶进行着一系列的复杂生物化学变化，也是腐乳色、香、味、体的形成阶段。后期陈酿温度一定要控制在 25℃～38℃之间。

第三节　豆腐与豆腐乳的质量标准

1. 豆腐的质量指标

（1）感官指标　洁白细腻、不红、不涩、不苦、块形完整、无杂质、无异味。

（2）理化指标　水分不超过 88 克/100 克豆腐；蛋白质不少于 6 克/100 克豆腐。

（3）卫生指标　如表 5—1 所示。

表 5—1　豆腐的卫生要求

项目	标　准	
	出厂	销售
砷（As）/（mg/kg）（以砷计）	＜0.5	
铅（Pb）/（mg/kg）（以铅计）	＜1.0	
细菌总数/（个/g）	＜3 万	＜8 万
大肠杆菌群近似值/（个/100g）	＜70 万	＜150 万
致病菌	不得检出	
添加剂	按食品添加剂标准执行	

2. 内酯豆腐的质量指标

（1）感官指标　洁白细腻、不红、不涩、不苦，块形完整，无杂质、无异味。

（2）理化指标　水分不超过 88.28 克/100 克豆腐；蛋白质不少于 7.45 克/100 克豆腐。

（3）卫生指标　砷（As）/（毫克/千克）未检出；铅（Pb）/（毫克/千克）≤0.05；细菌总数/（个/克）≤500；大肠杆菌群近似值/（个/100 克）未检出。

3. 豆腐乳的质量标准　豆腐乳的质量执行 SB/T10170—1993 标准，各项要求见表 5—2、表 5—3、表 5—4。

表 5—2　豆腐乳的感官指标

项目	红腐乳	白腐乳	青腐乳	酱腐乳
色泽	表面呈鲜红色或枣红色，断面呈杏黄色	呈乳黄色，色泽基本一致	呈豆青色，表里色泽基本一致	呈酱褐色或棕褐色，表里色泽基本一致
气味，滋味	滋味鲜美，咸淡适口，具有红腐乳特有之气味，无异味	滋味鲜美，咸淡适口，具有白腐乳特有香气，无异味	滋味鲜美，咸淡适口，具有青腐乳特有之气味，无异味	滋味鲜美，咸淡适口，具有酱腐乳特有之气味，无异味
组织形态	块形整齐，厚薄均匀，质地细腻			
杂质	无外来可见杂质			

表 5—3　豆腐乳的理化指标

项目	红腐乳	白腐乳	青腐乳	酱腐乳
水分含量/% ≤		70.00		67.00
水溶性无盐固形物含量/(克/100克) ≥	9.00	6.00	8.00	10.00
食盐（以氯化钠计）含量/（克/100克）≥	8.00		10.00	11.00
氨基酸态氮（以氮计）含量/（克/100克）≥	0.50（小包装0.42）		0.70（小包装0.60）	0.60（小包装0.50）

表 5—4　豆腐乳的卫生指标

项目	指标
砷（以 As 计）含量/（毫克/千克）	≤0.5
铅（以 Pb 计）含量/（毫克/千克）	≤1.0
黄曲霉毒素 B_1 含量/（毫克/千克）	≤5
食品添加剂含量	按 GB2760 规定
大肠菌群/（MPN/100 克）	≤30
致病菌（系指肠道致病菌）	不得检出

第六章　豆酱的加工工艺

第一节　概　　述

"酱"起源于我国，在3000年前的周朝就开始生产，到春秋战国时期已成为不可缺少的调味品。在《周礼》中有："百酱八珍"。在《史记》中记有"枸酱"，这是一种水果酱。在《礼记》中记有"芥酱"，它是一种蔬菜酱。在《神农本草经》中有"败酱和酸酱"。在《周礼》中还有"膳夫掌王之食饮膳羞，酱用百有二十瓮"的记载，不难看出当时酱在烹调中所占的地位。在《论语乡党篇》中写道："不得其酱不食"，说明当时酱已成为不可缺少的调味品。

最初出现的酱是以肉类为原料制成的，以兽肉为原料的一般称为肉酱，古籍中也有称为肉醢或醢酱的。用鱼肉做的叫鱼酱，古籍中称鱼醢。以后随着农业的发展，出现了以谷物及豆类为原料的大豆酱、麦酱、面酱、榆子酱等植物性酱类，而且得到了迅速的发展，尤其是以大豆为原料的大豆酱更是发展迅速，并衍生出酱油，从而使酱与酱油结下了极深的亲缘关系。

按照制作工艺不同酱类分为两大类，即发酵酱和不发酵酱。发酵酱类又分为面酱和大豆酱两大类，此外还有蚕豆酱、豆瓣辣酱及酱类的深加工制品，即各种系列花色酱等产品。除此以外就是非发酵型的果酱和蔬菜酱等。

黄稀酱系采用大豆、面粉进行制曲，成熟后加入盐水进行发酵捣缸，固态低盐发酵及液态发酵经过30天生产周期即为成品。黄干酱也是采用大豆、面粉制曲，固态低盐发酵，经过30天生产周期才能成熟。在内蒙古、山西、张家口等地区都喜欢吃黑酱，黑酱的原辅料也是大豆、面粉。其黑酱特点就是发酵温度高。瓜子酱的生产特点是面粉多、大豆少，蒸完后，上碾子压，压成饼，然后切成小块，再进行发酵。做酱瓜用，市场上不卖。

第二节　大豆酱生产中的微生物学和生物化学

一、大豆酱生产中的微生物学

大豆酱酿造中常用的微生物有真菌、酵母菌、细菌等。由于微生物具有种类多、分布广、体积小、繁殖快、易变异等特性，并且在生产中往往不受时间、地区、季节的限制，所以越来越广泛地应用在生产中。

1. 大豆酱酿造中的真菌、酵母菌和细菌

（1）米曲霉　米曲霉菌体中的酶系主要有蛋白酶、淀粉酶、脂肪酶、氧化酶、纤维素酶、果胶酶，肽酶等酶类在酱类发酵中形成大豆酱的独特风味。培养米曲霉的目的不同，使用培养基和时间也不一样。培养种曲要求孢子多，发芽率高，以使用麸皮为主，添加少量面粉，培养时保持高温。如暂时不用的曲要低温干燥保藏，防止孢子衰老，生产用的曲要求菌丝粗状，酶活力高，对孢子要求不高。

（2）大豆酱酵母　大豆酱酵母主要指的是鲁氏酵母和酱醪结合酵母。鲁氏酵母在制曲及酱醪发酵期间，由空气中自然落入而繁殖，稍有乙醇发酵力，能由醇生成酯、琥珀酸和酱类成分之一的糠醇，增加酱类的风味。酱醪结合酵母在麦芽汁中培养后，细胞为卵圆形，单独或两个相连。子囊孢子球形。在斜面培养基上的菌落特征，呈黄褐色、湿润、有光泽，边缘有平行的小沟。酱醪结合酵母在酱醪发酵接近成熟期为多，能进行乙醇发酵，赋予大豆酱特有的风味。

大豆酱酵母对酸碱非常灵敏。酸性或碱性太重都不利于酵母的繁殖，一般控制在 pH 值 4.6~5.6 为宜，但酵母对酸的忍耐力比细菌要强得多。它的繁殖温度在 30℃左右，适当地调节温度和供给空气，有利于酵母的繁殖，反之在空气不足的条件下，乙醇大量积累，就会使酵母衰老，繁殖降低，因此生产中要根据不同的要求来控制通气量。

（3）细菌及乳酸菌　在大豆酱生产中可利用细菌的代谢产物改善大豆酱风味。乳酸菌在大豆酱酿造中的作用：不仅能在曲子中生长而且还影响酱醪的成熟。该菌在入池后 30 天左右，菌体数量达到高峰，在每克酱醪中有一个菌体。这些菌体可把葡萄糖分解成乳酸，能在 20%食盐中生长，它与酵母产生的醇类化合成酯类，形成大豆酱的特殊风味。

（4）大豆酱生产中的有害微生物　在大豆酱酿造过程中，除了形成大豆酱风味的菌种外，其他有害的细菌和酵母菌也会从空气中同时带入，稍有疏忽，就很容易造成污染。抑制和影响曲霉菌的生长，降低酶活力，影响产品质量。同时污染了不同种类的细菌，使其代谢产物转移到酱醪中去。不仅影响大豆酱风味，而且它们的芽孢在酱醪中生存下来和死亡的菌株造成酱类混浊发乌，降低大豆酱质量。随着人们生活水平的不断提高，对大豆酱质量和卫生标准的要求越来越高，因此，控制和排除有害微生物的污染是发酵工业中一个很重要的问题。

2. 发酵过程中的微生物变化　发酵是米曲霉、酵母和细菌的联合作用。在发酵过程中，与原料利用率、发酵成熟的快慢、成品颜色的浓淡以及味道鲜美具有直接关系的微生物是米曲霉。与风味有直接关系的微生物是酵母菌和乳酸菌。它们都随着发酵期和发酵条件而生长和消亡。

（1）曲霉　主要作用是提供分解蛋白质和淀粉的酶系，在发酵过程中，曲霉入池后，由于温度、pH 值等环境因素的影响，很快就失去作用而产生自溶，产生核酸溶出物，约 15%氨基酸，20%糖分。

（2）酵母的变化情况　在酵母中与大豆酱香气有关的酵母是鲁氏酵母、易变球拟酵母、埃契球拟酵母。酱醪中鲁氏酵母占总数的 45％，是大豆酱酿造中的主要酵母菌。它与细菌中的嗜盐足球菌联合作用、能赋予大豆酱特殊气味。鲁氏酵母在酱醪中主发酵期，发酵合成乙醇。易变球拟酵母和埃契球拟酵母在酱醪的后期发酵形成香气——乙基苯酚，以提高大豆酱风味。

（3）细菌的变化情况　在酱醪中分离出的细菌，它们之中有的是有益的，有的是有害的，有的在酱醪中不能繁殖很快死亡，有的不能繁殖只以芽孢形式存在。对大豆酱风味有主要作用的细菌是嗜盐足球菌和四联球菌。四联球菌能耐 20％食盐，在发酵后期出现，能生成一定量乳酸，嗜盐足球菌在 18％的食盐中繁殖很好，它的作用是产生乳酸，降低酱醪的 pH 值到 5，以促进鲁氏酵母的繁殖。还可除去酱醪中的氨基酸分解臭，以提高大豆酱的色、香、味。乳酸菌和酵母菌在发酵中是协同作用的，它们的比例为 10：1，能提高大豆酱的产品质量。今后在生产过程中，如何根据各种菌的生理特点，合理发挥它们的作用，还需要进行大量的科学试验，在实践中探讨和摸索。

二、大豆酱发酵过程中的生物化学变化

大豆酱的酿造是一个综合过程，是应用各种酶和微生物，在一定的条件下发挥作用，分解合成大豆酱的色、香、味、体。

1. 蛋白质的分解作用　在整个酱醪的发酵中，以蛋白质的分解最难，时间也长。蛋白质的分解是在蛋白酶的催化作用下，由分子较大的蛋白质逐步降解成胨、多肽和氨基酸。蛋白酶水解蛋白质的方式，可以分为内肽酶和端肽酶两大类。内肽酶能切断蛋白质大分子肽链内部的肽键，生成质量相对密度较小的胨和多肽等中间产物，从而增加蛋白质的溶解度。而端肽酶则从多肽的游离羟基末端和氨基末端逐一切断肽键，水解生成氨基酸。

2. 淀粉的糖化作用　制曲后的原料以及虽经糖化后的糖浆中，还留有部分碳水化合物尚未彻底糖化。在发酵过程中，继续利用微生物所分泌的淀粉酶，将残留的碳水化合物分解成葡萄糖、麦芽糖和糊精等。糖化作用后生成的单糖类，除葡萄糖外，还含有果糖和五碳糖。这些糖类对大豆酱的色、香、味、体有重要的作用。大豆酱的色泽主要由糖与氨基酸作用而成。乙醇发酵也需糖分。糖化作用好，大豆酱的黏稠度及甜味好，无盐固形物高，这对大豆酱的质量有重要关系。淀粉的消耗，随着原料加水量的增加和制曲时间的延长而增加。

3. 乙醇发酵作用　乙醇发酵主要是由于酵母菌的作用。在生产过程中，虽未人工添加酵母，但是制曲和发酵过程中，从空气中落入的酵母菌可繁殖、生长。酵母菌在28℃～35℃时最适合于繁殖和发酵；超过45℃以上酵母菌就自行消亡。因此，采取高温发酵法，酵母菌全部杀死，不会产生乙醇发酵，以免造成大豆酱的香气少，风味差。

4. 酸类的发酵作用　在制曲过程中，一部分来自空气中的细菌也得到繁殖、生长，在发酵过程中能使部分糖类变成乳酸、醋酸和琥珀酸。这些有机酸与乙醇结合，能增加大豆酱的香气和具有独特风味。但酸度过高，会影响蛋白酶和淀粉酶的分解作用，影响产品质量。

5. 酱类风味物质的形成

(1) 酱的色素形成　酱的色素成分主要有氨基糖、黑色素、焦糖。氨基糖是酱原料中的淀粉经曲霉淀粉酶水解为葡萄糖后，在发酵时葡萄糖第二碳原子的羟基与酱醪中的氨基置换，生成氨基糖，呈棕红色。黑色素一般是由大豆中的酪氨酸经氧化形成的。焦糖是葡萄糖在高温下脱水生成的，它是一种无定形的胶体物质，溶于水，呈棕红色。酱中这3种色素的前体物质都是来自原料中的蛋白质和淀粉。

(2) 酱的香气形成　酱的香气成分是通过后期发酵生成的，它们在酱的组成中虽然含量极微，但对酱的风味影响很大。酱的香气成分的生成途径：

①由原料成分产生的；

②由曲霉代谢产物生成的；

③由耐盐酵母的代谢产物生成的；

④由不耐盐酵母的代谢产物生成的。据报道，酱中的香气的主要成分是酱中的挥发性组分，其种类很多，有醇、醛、酚、有机酸等化合物。

（3）酱鲜味的形成　酱的鲜味主要来源于氨基酸和核酸类物质的钠盐。氨基酸主要来源于大豆中的蛋白质。大豆蛋白质和小麦中的蛋白质经曲霉的蛋白酶作用后，水解生成 20 种左右的氨基酸，其中谷氨酸钠盐，具有鲜美的口味，是酱的主要鲜味来源。此外，真菌、酵母菌和细菌中的核酸，经有关的核酸酶水解后生成 4 种核苷酸，其中鸟苷酸、肌苷酸和黄苷酸的钠盐起协调作用，增加了谷氨酸钠盐的鲜味数倍到十几倍。

酱中的味道除鲜味外，还有甜味和酸味。甜味来自淀粉经曲霉淀粉酶水解所生成的葡萄糖和麦芽糖，以及部分氨基酸、甘氨酸、丙氨酸和色氨酸。酸味主要来自葡萄糖经乳酸菌发酵生成的乳酸，还有少量的醋酸和琥珀酸组成。

（4）酱体的形成　所谓体一般指的是酱的厚度即所谓的"骨子"。组成酱的厚度有可溶性蛋白质、缩氨基酸、氨基酸、糊精、糖等水溶性固形物。

第三节　大豆酱的加工工艺

一、生产原料

1. 大豆　大豆是黄豆、青豆、黑豆的总称，通常以黄豆为代表。大豆酱生产所用的蛋白质长期以来都是以大豆为主。有的地方也用蚕豆、豌豆等作为蛋白质原料。大豆酱的氮素成分约 3/4来自大豆蛋白质。大豆蛋白质经发酵分解能生成氨基酸，是大豆酱滋味成分的极重要物质。具体选择大豆的标准如下：

（1）大豆要干燥、相对密度大且无霉烂变质；

（2）颗粒均匀，无皱皮；

（3）种皮薄，富有光泽，且少虫伤害及泥沙杂质；

（4）蛋白质含量高。

2．面粉　面粉分为特制粉、标准粉和普通粉。制酱用的面粉一般为标准粉，面粉在多湿而高温的季节，特别是在梅雨季节，很容易变质，面粉中脂肪分解会产生一种不易接受的气味，糖类发酵后就会带有酸性，麸质变化而失去弹性及黏性，在严重时甚至发生虫害。变质的面粉对酱类的质量都有不良影响，因而在贮藏期间必须注意妥善保管。凡是含淀粉而又无毒无怪味的谷物，例如玉米、甘薯、碎米、小米等均可作为酱类加工的淀粉质原料。制酱用的面粉通常使用标准粉。但标准粉在华东等地区的梅雨季易变质，面粉中的脂肪分解成不易接受的气味，糖类发酵后产酸，或由于麸质变化而失去弹力及黏性，甚至发生虫害现象。这类变质面粉不宜使用。

3．食盐　因酱类可直接食用，故应选用杂质含量少的再制盐。

4．水　酱生产用水量较大，因而水也是制酱的主要原料。除了酱本身含有50％以上的水分外，在加工过程中也需要大量的水分。对于酿制大豆酱所用的水质没有特殊的要求，除了清洁干净的自来水，井水、湖水、河水也可以用，但必须符合国家标准。

二、大豆酱加工的基本工艺

1．工艺流程

2. 技术要点

(1) 原料处理

①浸泡　目的主要是使豆子的本身膨胀，吸足水分，一般大豆的吸水量在80％左右，有的甚至达100％。通过浸泡可以清除掉杂质以保证原料的质量。

②蒸煮　蒸煮分常压蒸煮和加压蒸煮两种方法，可根据实际情况而定。一般情况下，小型企业和乡镇企业采用常压蒸煮比较普遍，而生产量大，设备条件好的企业可采用加压蒸煮。加压蒸煮时间短效率高，但无论采用常压蒸煮还是加压蒸煮，所达到的目的是一致的，都是使原料达到灭菌，使黄豆达到适度变性，制曲时，使曲霉生长，繁殖，生成各种酶。采用常压蒸煮的方法，蒸煮2小时，焖锅1小时。采用加压蒸煮一般气压在0.1兆帕，时间为30～40分钟，温度在110℃～120℃即可达到蛋白质适度变性，从而保证大豆酱的产品质量。

对原料蒸煮程度的要求，过去习惯上以出锅的熟料变成深红褐色为标准，于是采用过夜出锅。实际上过夜出锅容易使原料中蛋白质产生过度变性，熟料变成深红褐色，就是使氨基酸及糖分变成色素从而减少了米曲霉繁殖所必需的营养，降低了成曲的质量，同时对米曲霉所分泌的酶的作用也起到阻碍作用。试验证明，不论大豆、豌豆、蚕豆在0.1兆帕左右的加压条件下，同蒸煮一定时间，过夜出锅的原料蛋白质的利用率和氨基酸生成率均明显下降，说明蛋白质的过度变性及米曲霉所分泌的酶被阻，所以目前均采用原料蒸煮后，稍加焖料后就出锅的方法进行生产。

③面粉的处理　酿制大豆酱、蚕豆酱及豆瓣酱所用面粉过去采用炒焙的方法，但由于炒焙面粉的劳动强度高，劳动条件差，损耗也大，因此改用干蒸或加少量水而后蒸熟。也有直接利用生粉的，目前利用生粉厂家为数还很多，但还是不如蒸熟的效果好。

(2) 制种曲

使用85％麸皮、15％黄豆粉。然后按麸皮和黄豆粉的总质量加水95％～100％（具体视季节而定），充分拌匀，并用 3.5 目筛子过筛一次，再堆积润水 1 小时，装锅通蒸气，气压为 0.1 兆帕，1 小时后出锅。再过筛 1 次，翻拌降温至 35℃（夏天），40℃（冬天），要求熟料水分 52%～55%。然后按对干料量 0.3%进行接种。进入培养阶段时，装盘后品温应为29℃～30℃，保持室温 28℃～30℃（冬季室温可稍高）。干湿球湿差 1℃，经 4～6 小时，上层品温 35℃～36℃，即可倒盘 1 次，使孢子上下曲盘调换位置，达到上下品温均匀，这一阶段为米曲霉发芽期。当上层品温达 36℃～38℃，由于孢子发芽，并继续生长成为菌丝，曲料表面呈微白色，并开始结块，此时即可搓曲。第一次搓曲后继续保温培养 6～7，品温又升至 36℃～38℃左右，曲料全部长满白色菌丝，结块良好，即可划曲。划曲或第二次搓曲后，地面应经常洒冷水或温水，使品温保持在 34℃～36℃，干湿球差达到平衡，相对湿度达到 100%。这期间每隔 4 小时应倒盘 1 次。当进入孢子成熟期阶段，保持室温 30℃±1℃，品温35℃～36℃，中间倒盘 1 次，至种曲成熟为止。自装盘入室至种曲成熟，整个培养时间共计 72 小时左右。新鲜种曲孢子发芽率高，繁殖力强，所以应及时使用新鲜种曲。如气温低于 10℃时，只要将种曲放在清洁干燥处，可不必进行干燥。当室温超过10℃、而种曲在 1 周内用不完时，应进行干燥。种曲可在曲室内开暖气升温 38℃～40℃烘干，烘至水分到 12%以下，即可移出室外低温、通风、干燥处，但保存期最长不超过 15 天。

（3）制曲　制曲是大豆酱酿造的关键环节，没有良好的曲子，就不会酿造出品质优良的大豆酱，曲的好坏，直接影响到大豆酱的质量与味道，必须严格把住制曲这一重要环节。

①原料的选择与配比　制曲的目的主要是使米曲霉在熟料上充分生长发育，分泌出酱生产所需的酶类，为发酵过程提供原料分解，转化，合成的物质基础。制曲原料的选用，既要以米曲霉能正常生长繁殖为前提，又要考虑到大豆酱质量标准的要求。因此，理想的制曲原料应该是制曲容易，曲酶活性强，无异味，不

产毒素，蛋白质含量高，淀粉含量适当的原料。实践证明：黄豆与面粉的配比，采用 65：35 或 60：40 的高蛋白质原料制曲，也能使米曲霉正常繁殖，获得高产优质的结果。

②原料的处理　原料处理包括两部分：一是通过机械部分对黄豆进行筛选，二是经过润水和蒸煮，使蛋白质原料结构松弛。同时通过加热可杀灭附着在黄豆原料上的杂菌，以排除米曲霉生长的干扰。处理后的原料要求达到：颗粒大小均匀一致、润水要充分而均匀、原料蒸煮要适度等。

润水的目的是使原料中蛋白质含有适量的水分，以便在蒸料时迅速达到一次变性，使原料中的淀粉吸水膨胀，易于糊化，以便溶出米曲霉生长所需的营养物质，供给米曲霉生长所需要的营养物质和水分。

加水量适当与否对制曲有很大影响。原料中含有适当的水分是加速米曲霉发芽的主要条件之一。如果水分适当，孢子即吸足水分其膨胀体积可增加 2～6 倍。细胞内物质为水所溶解，为发芽、生长、繁殖提供营养条件。微生物需要从体外吸收养料，而养料又必须先被水溶解，才能被吸收利用，所以原料中必须含有适度水分。在一般情况下。用水量大，成曲的酶的活性强，有利于提高大豆酱的质量和风味。总之，适当的水分有利于米曲霉的生长繁殖，产生大量的酶，促进制曲和发酵阶段的分解作用。但用水量过大，易于感染杂菌，制曲较难控制，所以水分也不宜过大。为了制好曲，易于酱醪发酵，达到提高产品质量的目的，以黄豆为主料，一般吸水量为 75%～80% 为宜。最后入曲时曲料含水量在 47%～50% 为宜。

原料蒸煮是否适度，对大豆酱的质量非常重要。蒸煮的目的主要是使黄豆中的蛋白质完成适度变性，成为酶容易作用状态。未经变性的蛋白质，虽然能溶于 10% 以上的食盐水中，但不能被酶所分解。蒸煮的同时，使原料中的淀粉达到糊化程度，随着蒸料温度的上升，淀粉粒的体积逐渐增大，促使分子链之间的联系变弱，达到颗粒解体的程度。蛋白质变性后成为变性蛋白质和少量氨基酸，淀粉糊化后变成淀粉糊和糖分。这些成分是米曲霉生长繁殖适合的营养物，而且易于被酶所分解。此外蒸料也可杀死附在原料上的杂菌，给米曲霉正常生长发育创造有利条件。

③制曲　原料经过蒸熟出锅后，温度较高，需要冷却至35℃～40℃时，按配方比例把面粉均匀地撒布在豆料的表面。接种量为0.3%。把拌匀的原料移入曲箱，均匀摊平，厚度为20厘米。为了保持良好的通风，必须做到料层均匀，疏松平整，如果接种后料层温度较高，或者上下品温不一致，应及时开动鼓风机调节温度在32℃左右。在曲料上、中、下及面层各插温度计1支，静止培养6～8小时开始升温，上升至37℃左右通风降温。以后根据具体情况，连续通风，料层温度维持在35℃左右。温度的调节可采用循环风或换气的方式控制，使上层与下层的温度差尽量减少。在制曲过程中，自接种12～14小时，品温急速上升，此时曲料由于米曲霉生长菌丝而结块，通风阻力随着生长时间延长而逐渐增大，出现通风数小时仍然超过35℃的趋势，应立即进行第一次翻曲，使曲料疏松，减少通风阻力，保持正常温度。以后再隔6～8小时，根据品种温上升情况及曲料收缩，产生裂缝等现象，再进行第二次翻曲。翻曲后，连续通风维持在33℃～35℃培养。如果曲料收缩，再次产生裂缝，风从裂缝中漏掉，品温相差悬殊时，可采用四齿耙将结块打碎。将裂缝铲平压住防止吹风不均局部烧曲。培养20～24小时，米曲霉开始产生孢子，至32～36小时，已遍生淡黄绿色孢子，即可出曲。但也有的厂家采用72小时制曲方法，则生产老曲。通风制曲操作要点归纳为："一熟、二大、三低、四均匀"。

④发酵　发酵是酿制大豆酱过程中极为重要的一环，发酵方法和操作的好坏，将直接影响大豆酱的质量。发酵的方法种类很多，根据酱醅的状态可分为：稀发酵、固态发酵或固稀发酵；根据加温状况可分为：天然发酵、微火发酵和保温发酵。

天然稀发酵是生产以大豆为主要原料的一种酱类，也称黄豆酱、豆酱，行业术语称老醯酱。它也是利用米曲霉为主的微生物作用制得的产品。但制曲方法不是纯种培养，而采用天然发酵制曲，将黄豆和面粉比为 65∶35，蒸熟后用石磨碾碎，装入木盒进行踩制。在屋内用竹竿搭成花架，把踩好的砖形曲子斜形交叉码平，一直码到接近房顶处，把门窗关闭好，使其自然升温发酵，利用空气中微生物进行发酵，生成大量米曲霉及其代谢物酶，表面长满黄色及其他颜色菌丝及孢子。一般 3 个月即为成熟。踩黄子季节一般为春、秋两季。一般在 3～4 月份，天气变暖期间，把在院内码放的开平缸刷洗干净，将黄子刷去表面长满的菌丝及其杂物，每缸按 250 千克曲放入缸内，采用一黄二水 500 克盐的配比，打成盐水对入缸内进行浸泡，当黄子用盐水泡透后，用木杆耙打成稀大豆酱状，夜间用芦席盖好，白天用阳光日晒，每天扎缸打耙 2～3 次。经过 1 年时间即为成熟。全国闻名的六必居、天源及北京一些酱菜厂均用此法制酱，作为酱菜加工的大豆酱。

　　微火稀发酵是酱制备的又一发展，它的制曲方法同前所述略同。发酵方法是用开平缸双层平行码放，缸底用耐火砖支平架起，四周用砖砌成防火墙，缸口下面用钢筋垫平，打好洋灰，缸底排好火道，在缸头前，地下盘成抽风灶，缸尾处砌好烟道。把制好的种曲放入缸内，开平缸约入曲 250 千克，加入 38℃盐水进行浸泡，到缸口处。后用石板缸盖盖好，每天进行打耙，但要保持 24 小时内抽风灶的正常燃烧，以保证微火酱的发酵。前期发酵品温保持在 35℃～40℃，中期温度可上升到 40℃～50℃，后期成熟温度可达到 60℃左右。但时间要短，目的是起杀菌作用。避免大豆酱成熟后的倒发及跑缸，影响产品质量。要求每天按时添火，保持火势旺盛。坚持每天打耙 4～5 次。夜间也设专人进行管理，发酵周期约为 30 天。

　　温酿稀发酵是通过曲池制好的成曲，移入发酵缸或发酵池内，加盐水进行发酵，一般盐水相对密度为 1.11～1.12，每 50

千克混合料加入盐水 85 千克左右，最好使用 45℃盐水，以促进酱醅的发酵作用。其发酵过程是利用曲子生成的蛋白酶，分解大豆中的蛋白质，并把蛋白质的大分子的氨基酸通过蛋白酶分解变成小分子氨基酸。同时还产生一部分糖化酶，它使淀粉水解成糖类等。酱醅中，加入的盐水浓度一般相对密度 1.11 左右。酱醅进行稀发酵要每天进行打耙，使酱醅充分混合均匀，保持品温上下一致，放出二氧化碳气，吸收新鲜空气，使发酵分解的各种成分加速合成。每天坚持打耙 3～5 次，直到成熟为止。酱醅进行稀发酵前期应掌握 40℃～50℃为宜，中期掌握 38℃左右，后期温度要适当偏高，特别是成熟前应放高温可以 60℃左右，解决大豆酱倒发和后期灭菌的问题，保证产品卫生。大豆酱成熟后要进行研磨，将豆瓣磨细，均匀。保证合适的稀稠度和具有浓郁的大豆酱特有香气和味道。

温酿固稀发酵是前期采用固体发酵，后期采用液体发酵。将按比例加工的成曲，入发酵缸或发酵池后，加入 45℃左右的相对密度 1.12 的盐水，按每 50 千克混合料加 30 千克盐水计算。酱醅仍属固体状态，此时即开始了固态发酵作用，它同样是利用曲子生成的蛋白酶分解大豆中的蛋白质而逐步形成大豆酱的营养成分和酱香气等。同时还产生一部分糖化酶使淀粉水解成糖等。固态发酵前 7 天为第一阶段，温度掌握 40℃左右；7～15 天为第二阶段，温度掌握 40℃～50℃。在此期间要进行中间倒池。倒酱是控制固态发酵条件的主要措施之一，它的作用是让曲料中各种酶菌充分发挥作用，通过倒醅子，使其温度上、下均匀一致，同时放出由分解热产生的二氧化碳，吸收新鲜空气，补充氧气，更好地促成色、香、味的形成。如果固态发酵不倒池了，会使酱的颜色发乌、无光泽、味不正，影响酱的质量。一般要求 3 天倒缸 1 次，15 天要求倒缸 4～5 次。固态发酵 15 天后，加第 2 次盐水，进行稀发酵。盐水温度 40℃，相对密度 1.11，50 千克混合料加盐水 55 千克左右。酱醅放稀后要进行打耙，使其充分混合均匀，保持温度上下一致、陆续放出二氧化碳，吸收新鲜空气，使固体发酵分解的各种成分迅速合成。一般每天打耙 3～4 次为宜。放稀后温度掌握 38℃ 左右，15 天左右即为成熟，成熟期应放高温，温度可达 60℃ 左右，防止倒发和进行后期灭菌，保证产品卫生。

完全温酿固体发酵是生产黄干酱的一种方法，将按比例加工的成曲，放入发酵缸或发酵池内，每 50 千克混合料加入水温 45℃ 左右的盐水（相对密度 1.21）40 千克。酱醅吸足水分仍属固态，便开始固态发酵。温度要求前期 40℃～50℃，中期 38℃ 左右，后期 45℃ 左右。生产中每 3 天倒缸翻醅 1 次，作用同固态稀发酵。生产周期 35 天。共计翻醅倒缸 10 次左右。发酵倒缸作用同固稀发酵。产品成熟后每 50 千克混合料出 85～90 千克，酱香气浓郁，味道鲜美，不进行研磨，带整豆瓣出售，很受群众欢迎。

⑤加热　生大豆酱有许多类菌类及酶类，特别是酵母菌容易产生倒发而引起腐败。加热主要目的为杀菌防腐，增进色泽调和味道，除去臭霉味，增加香气。一般加热灭菌的温度以 65℃～70℃ 为宜，时间不宜过长。生大豆酱经过加热后，能使香气醇厚而柔和，醛类、酚类等香气成分显著增加。

⑥黄稀酱的磨碎及黄干酱的贮存　黄稀酱经制曲、发酵后即为成熟，再经磨碎为成品酱。一般采用钢板磨进行研磨，使黄稀酱成为浓稠适当，色泽均匀，品质细腻，口感好的调味品。黄干酱经 1 个多月的发酵后，其色、香、味、体基本形成，但还须要在不加温的发酵池内进行低温贮存后期发酵，黄干酱表层用大盐封好，然后进行封池，经过 1～2 个月或更长一些时间，黄干酱经过陈酿后，其色、香、味、体更加醇正，香气浓郁、味道鲜美，产生酱香厚味绵长，促进人的食欲。

三、曲法和酶法加工大豆酱的技术要点

1. 曲法加工大豆酱的技术要点

（1）制曲

①原料配比及处理　原料配比：大豆 100 千克，标准粉 40～

60千克。大豆洗涤、浸泡和蒸煮工艺，均同酱油加工的天然晒露法。面粉可炒焙或干蒸，或加少量水后蒸熟。但蒸后水分增加，不利于制曲，故有的厂已直接使用面粉。

②制曲工艺　种曲的菌株为米曲霉3.040或3.042。种曲用量为原料量的0.15%～0.3%，使用前与少量面粉拌匀。为减少大豆酱中麸皮含量，最好从种曲中分离出孢子为曲精后使用。

制曲方法基本上同酱油生产，接种品温为40℃左右，接种后品温为35℃～40℃。由于豆粒较大，水分不易挥发，故制曲时间应适当延长，可用2日曲或3日曲，大多用2日曲。但这两种曲含水量不同，可在制醅添加盐水时酌情增减。

（2）制酱　发酵方法与酱油生产一样，有晒露法、保温速酿法、固态无盐发酵法及固态低盐发酵法等，目前普遍采用低盐固态发酵法。

100千克大豆的曲，第1次加14.5波美度盐水90千克。酱醅前发酵结束后，再加24波美度盐水40千克及细盐10千克，食盐水须置于澄清桶内澄清后使用。

先将大豆曲置于发酵容器内摊平并稍加压实后，品温很快自然地升至40℃左右。即可第1次加入60℃～65℃的盐水，并用一层细盐封面。加盖、通常加盐水后品温为45℃左右，以后每天早、晚检查1次品温，维持该温约10天后，再第2次添加食盐水并用细盐封面。然后通入压缩空气，使细盐溶化和物料均匀。在室温下发酵4～5天即可。

实际生产中还可以直接利用豆片为原料生产大豆酱，其操作要点如下：

将大豆除杂后，加温至60℃～70℃，使其软化并及时压成片状。破碎成2～3毫米颗粒，输入旋转式蒸煮锅。先通入蒸气干蒸，待压力升至0.05～0.075兆帕时，停止进气。气压下降后，每100千克豆片加水60～70千克，边旋转边润料20分钟，然后降压出锅。也可不干蒸而直接加80℃水50千克，经拌和机拌匀后，加入蒸煮锅，0.15 兆帕蒸 30 分钟即可。熟豆片呈棕黄色。

先将豆片曲堆积自然升温至 40℃ 左右，再按 100 千克豆片加入 19 波美度、50℃ 澄清盐水 150 千克，由绞龙输入发酵容器中。成曲拌盐水以先少后多为原则，最后将剩余盐水浇淋于面层。然后耙平并轻轻压实。用聚乙烯薄膜封口，并加木盖保温。发酵的第 1～5 天，品温控制在 45℃ 左右，第 6～10 天为 47℃ 左右，第 11～15 天维持约 52℃。其间第 5 天和第 10 天须要各翻酱一次。

可将成酱直接出售，也可用钢磨磨细，磨细时，可按酱体的干温度适当添加盐水，以达质量指标。为了符合产品质量指标，可将酱用夹层锅或盘管加热至 65℃～70℃，10～15 分钟。趁热包装即为成品，或趁热加入酱重量 0.1% 的苯甲酸钠，作为散装成品出厂。

2. 酶法加工大豆酱技术要点

酶法制大豆酱有采用固态酶制剂或液态酶制剂两种方法。

(1) 固态酶制剂的制备

菌株　沪酿 UF328。

种曲制备　从菌种试管斜面、三角瓶培养到曲盘制种曲的培养过程，同酱油生产。

固态粗酶制剂制法

①原料处理　按麸皮 3 份，玉米粉 3 份，醪糟 3 份，米糠粉 1 份比例混合，再添加碳酸钠 1%～2%、水 75% 或豆饼粉 3 份，玉米粉 4 份，麸皮 3 份混合，再加碳酸钠 2%、水 75%。碳酸钠应先溶解于水后，再一并拌入原料中，并消除结块。然后将物料输入加压蒸料桶，在 0.1 兆帕压力下蒸 20 分钟后，冷却至 40℃。

②接种　接入原料重量 0.3%～0.4% 的种曲拌匀后，输入厚层通风制曲池。

③开始培养到第 1 次翻曲　初始室温为 28℃～30℃，品温为 30℃～32℃。先静置培养，经 8～10 小时后，料温开始上升。品温达 35℃～37℃ 时，进行间断式通风，将品温降至 30℃ 时停风。

当品温高于 32℃，而采取间断通风不能降温时，则应进行连续通风，以控制品温为 32℃～35℃，最高不得超过 37℃。培养 14～15小时后曲料已可见白色菌丝。料层边已结块，品温迅速升至 37℃或更高，应进行第 1 次翻新或铲曲 1 次，使品温下降。

④第 2 次翻曲及补水　第 1 次翻曲后，继续连续通风培养至20～22 小时，曲料菌丝丛生，水分较少。这时即可进行第 2 次翻曲，并补加用氢氧化钠溶液调 pH 值为 8～9 的水。补水量以曲料含水量达 50% 左右为准。

⑤第 3 次翻曲、成曲　补水拌匀后，继续通风培养，保持室温为 26℃～28℃，品温 30℃～32℃。培养至 32～34 小时，进行第 3次翻曲或铲曲 1 次，并在室内地面泼水，以保持曲室相对湿度 98%左右，使曲料不生干皮而菌丝得以旺盛生长，酶活力高。共经约 48小时培养，中性蛋白酶活力达 5000 单位/克以上时，即可出曲。成曲在 40℃下干燥至水分 10% 以下，粉碎后即为粗酶制剂。

（2）制大豆酱

①原料及其处理　大豆 100 千克、面粉 40 千克、24 波美度盐水 280 千克。将大豆压扁后加水 45% 拌匀入蒸锅以 0.15 兆帕压力蒸 30 分钟即可。将总量 97% 的面粉加 30% 水拌匀成型后，在常压蒸锅中待圆汽后蒸 3～5 分钟或在压力锅中 0.05 兆帕压力下蒸 2 分钟。蒸熟面糕呈玉色。入口时不粘牙，微甜。

②制酒醪　将总量 3% 的面粉加盐水调制为 20 波美度。再加氯化钙 0.2%，并用碳酸钠调 pH 值为 6.2。然后加入 α－淀粉酶0.3%，折合 1 克原料面粉为 100 单位。继而升温至 85℃～90℃，保温液化 10～15 分钟再升温至 100℃灭菌 2～3 分钟后，冷却至65℃并加入 AS3.324 黑曲 7%，保温糖化 3 小时。而后冷却至30℃，接入乙醇酵母培养液 5%，25℃～28℃发酵 3 天即可。

③制酱　将上述熟豆片和面糕混匀并降温至约 50℃，加入盐水、酒醪，以及按大豆原料 1 克需中性蛋白酶 350 单位计的粗酶制剂，充分拌匀后输入发酵池。发酵期为 15 天，前期、中期和后期各为 5 天，

控制品温分别为 45℃、50℃、55℃。其间每 2 天翻酱一次。若条件允许,可将成熟大豆酱降至常温后再陈酿 1 个月,以利于增香。

成熟大豆酱经磨细、65℃～70℃灭菌 10～15 分钟后,即可趁热包装为成品,或加入 0.1‰苯甲酸钠,作为散装成品出厂。

第四节　大豆酱的质量标准

黄豆酱的质量执行 SB/T10309—1999 标准,各项要求见表 6-1、表 6-2、表 6-3、表 6-4。

表 6-1　黄豆酱的感官指标

项　目	指　标
色泽	棕褐色或红褐色,鲜艳,有光泽
香气	有酱香和酯香,无不良气味
滋味	味鲜醇厚,咸甜适口,无酸、苦、涩、焦煳及其他异味
体态	黏稠适度,无杂质

表 6-2　黄豆酱的理化指标

项　目	指　标
水分含量%(质量分数)	≤60.00
氨基酸态氮(以氮计)含量%(质量分数)%	≥0.6(以干基计为 1.50)

表6-3 酱的理化指标

项　　目	指　标	项　　　目	指　标
食盐（以 NaCl 计）含量/%		总酸（以乳酸计）/%	≤2.0
黄酱	≥12	砷（以 As 计）/（毫克/千克）	≤0.5
甜面酱	≥7	铅（以 Pb 计）/（毫克/千克）	≤1
氨基酸态氮/%		黄曲霉毒素 B_1/（μg/千克）	≤5
黄酱	≥0.6	食品添加剂	按 GB2760 规定
甜面酱	≥0.3		

表6-4 酱的微生物指标

项　　目	指　标
大肠菌群/（MPN/100mL）	≤30
致病菌（系指肠道致病菌）	不得检出

第七章　豆豉的加工工艺

第一节　概　　述

豆豉是我国劳动人民最早利用微生物酿造的食品之一，其古名为"幽菽"。古代称大豆为"菽"、"幽"，是指把大豆煮熟后幽闭发酵的意思，到秦朝更名为豆豉。豆豉是以黑豆、黄豆为原料，利用微生物发酵制成的一种具有独特风味的调味品，既可作调味料，又可以直接食用。

我国浙江、福建、四川、湖南、湖北、江苏、江西及北方地区广泛食用，日本及东南亚国家食用豆豉也很广泛。中国的豆豉是用大豆或黑豆接种曲霉发酵而制成的。豆豉深受人们喜爱并广为流传，是因为豆豉有很高的食用价值。滋味鲜美，营养丰富，用于蒸炒、拌食，荤素皆宜。《齐民要术》中豆豉用于烹调的记载就有7条，可见豆豉自古以来就是主要的调味品。它还是我国古代药用食品。在《本草纲目》中记载，豆豉有开胃增食，消食化滞，发汗解表，降烦平喘，祛风散寒，治水土不服，解山瘴毒气等疗效。民间验方，用豆豉与葱、姜同煎，趁热服用可治感冒。

日本人以服用豆豉防治食物中毒和肠道疾病，并总结出常服豆豉有助消化，防疾病，减慢老化，增强脑力，提高肝脏解毒功能，防治高血压，消除疲劳，预防癌症，减轻酒醉，消除病痛等十大好处。

1. 豆豉中的营养成分　豆豉的一般成分为水分 35％～50％，蛋白质 20％左右，食盐 12％左右，总酸 1.5％左右，氨基酸态氮

$0.7\% \sim 1.0\%$，还原糖 2.0% 左右。每 100 克豆豉中所含有的营养成分为蛋白质 20 克，脂肪 7.1 克，糖类 21.4 克，钙 184 毫克，磷 198 毫克，铁 5.5 毫克，维生素 B_1 0.13 毫克，维生素 B_2 0.23 毫克，尼克酸 3.2 毫克。

2. 豆豉的品质特点　豆豉为黑褐色、油润有光泽；豆颗粒完整、松散；有酱香、醇香味，味道鲜美，回甜。各地的豆豉又有其特有的特点。例如：北京豆豉是豆瓣状的，比较湿润，味咸醇香。江西泰和豆豉历史最久，味淡清香，鲜香爽口，久负盛名。湖南浏阳豆豉以黄豆做原料，滋味鲜美，驰名遐迩。四川潼川豆豉以黑豆做原料加以五香等辅料，别具风味，山东临沂豆豉系独树一帜的水豆豉，别具特色，堪称"美豉出鲁门"。河南开封的西瓜豆豉继承了祖先的瓜豉法，又使豆豉锦上添花。福建豆豉的豉汁幽香沁人，名扬中外。

3. 豆豉的分类

（1）以微生物种类不同区分　分为毛霉型豆豉、细菌型豆豉和根霉型豆豉。

①毛霉型豆豉　如四川的潖川、永川豆豉，都是在气温较低（$5℃ \sim 10℃$）的冬季，利用空气和环境中的毛霉菌进行豆豉的制曲。

②曲霉型豆豉　如广东的阳江豆豉利用空气中的黄曲霉菌进行天然制曲。上海、武汉、江苏等地生产豆豉，人工接种沪酿 3.042 米曲霉进行通风制曲，曲霉菌的培养温度比毛霉菌高，所生产时间较长，可一年四季生产。一般制曲温度在 $26℃ \sim 35℃$ 之间，可以利用当地温度，也可以保温制曲。

③细菌型豆豉　如临沂豆豉，以及云、贵、川一带民间制作家常豆豉，将煮熟的黑豆或黄豆，盖上稻草或南瓜叶，使细菌在豆表面繁殖，出现黏质物时，即为制曲结束。利用细菌制曲的温度较低。

④根霉型豆豉　例如东南亚一带印度尼西亚等国家广泛食用

一种"摊拍"，就是以大豆为原料，利用根霉制曲发酵的食品。培养温度为28℃～32℃，发酵温度为32℃左右。

（2）以原料不同区分　分为黑豆豆豉和黄豆豆豉。

①黑豆豆豉　如江西豆豉、浏阳豆豉、临沂豆豉、潼川豆豉等，均采用本地优质黑豆生产豆豉。由于豆豉的产品的颜色为黑褐色，所以南方多采用黑大豆生产豆豉。

②黄豆豆豉　如广东的阳江豆豉，上海、江苏一带的豆豉等，采用黄豆生产豆豉。

（3）以口味不同区分　分为淡豆豉和咸豆豉。

①淡豆豉　发酵的豆豉不加盐腌制，口味较淡，如传统的浏阳豆豉。

②咸豆豉　发酵的豆豉在拌料时加入盐水腌制，成品口味较重。大部分豆豉属于这类产品。

（4）以状态不同区分　分为干豆豉和水豆豉。

①干豆豉　发酵好的豆豉再进行晒干，成品含水量25％～30％，大部分产品属于干豆豉。

②水豆豉　不经过晒干的原湿态豆豉。含水量较大，如山东临沂豆豉。

（5）以添加辅料的主要成分区分　分有酒豉、姜豉、椒豉、茄豉、瓜豉、香豉、酱豉、葱豉、香油豉等。

第二节　豆豉的加工工艺

一、豆豉加工的基本环节

1. 选料　选择成熟充分，颗粒饱满均匀、新鲜，含蛋白质高，无虫蚀，无霉烂变质及杂质少的大豆。

2. 浸泡　称取大豆入池，加水淹没豆子30厘米左右，水温在40℃以下，浸泡2～5小时，视气温情况要灵活掌握，中间要换1次水，以浸至豆粒90％以上无皱纹，水分含量在45％左右为宜。

3. 蒸煮　古时候大豆都用水煮，后改为蒸，至今民间小量制作仍大都用水煮豆。蒸豆用常压蒸煮 4 小时左右，工业生产量较大都采用旋转式高压蒸煮罐 0.1 兆帕压力蒸 1 小时即可。蒸好的熟豆有豆香味，用手指捻压豆粒能成薄片且易粉碎，测定蛋白质已达到一次变性，水分含量在 45％左右，即为适度。水分过低对微生物生长繁殖和产酶均不利，制出成品发硬不酥；水分过高制曲时温度控制困难，杂菌易于繁殖，豆粒容易溃烂。

4. 制曲　传统豆豉制曲都不接种、常温制曲自然接种，利用适宜的气温、湿度等条件，促使自然存在有益豆豉酿造的微生物生长、繁殖并产生复杂的酶系。在酿造过程中产生丰富的代谢产物，使豆豉具有鲜美的滋味和独特的风味。由于利用微生物不同，制曲工艺也有差异，分别介绍如下：

（1）曲霉制曲

①天然制曲　大豆经蒸煮出锅后，冷却至 35℃，移入曲室，装入竹簸箕，内厚 2～3 厘米，四周厚些中间薄些，室温在 26℃～30℃，品温在 25℃～35℃培养，最高不超过 37℃。入室 24 小时品温上升，豆豉稍有结块，48 小时左右菌丝布满，豆粒结块，品温可达 37℃，进行第 1 次翻曲，用手搓散豆粒，并互换竹簸箕上下位置使温度均匀，翻曲后品温下降至 32℃左右，再过 48 小时品温又回升到 35℃～37℃，开窗通风降温，保持品温 33℃。以后曲料又结块，且出现嫩黄绿色孢子，进行第二次翻曲。以后保持品温在 28℃～30℃，6～7 天出曲。成曲豆粒有皱纹，孢子呈暗黄绿色，用手一搓可看孢子飞扬，掰开豆粒内部大都可见菌丝，水分含量在 21％左右。

天然制曲受季节气温的限制，不能常年生产，制曲周期较长，制约了豆豉加工的发展。近年来采用酿造酱油的优良菌株沪酿 3.042 米曲霉菌接种制豆豉曲，制曲周期 3 天，可以常年生产。

②纯种制曲　大豆经煮熟出锅，冷却至 35℃，接入 3.042 种

曲0.3%，拌匀入室装入竹簸箕中厚2厘米左右。保持室温25℃。品温25℃～35℃，22小时左右可见白色菌丝布满豆粒，曲料结块，品温上升至35℃左右，进行第1次翻曲，搓散豆粒使之松散，有利于分生孢子的形成，并不时调换上下竹簸箕位置，使品温均匀一致，72小时豆粒布满菌红和黄绿色孢子即可出曲。采用沪酿3.042酿制的豆豉味鲜，福建省福安酱厂以沪酿3.042为出发菌株。诱变筛选出一株蛋白酶活力较弱但风味好的新菌株曲霉3.798，用子豆豉制曲，产品颗粒松散完整；醇香浓郁、滋味鲜美，理化指标符合专业标准。

(2) 毛霉制曲

①天然制曲 大豆经蒸煮出锅，冷却至30℃～35℃，入曲室上簸箕或晒席，厚度为3～5厘米，冬季入房，室温2℃～6℃，品温5℃～12℃。制曲周期因气候变化而异，一般15～21天。入室3～4天豆豉可见白色霉点，8～12天菌丝生长整齐，且有少量褐色孢子生成，16～20天毛霉转老，菌丝由白色转变为浅灰色，质地紧密、直立，高度0.3～0.5厘米，同时紧贴豆粒表层有暗绿色菌体生成，即可出曲。每100千克原料可得成曲125～135千克。

自然毛霉制曲要求温度低，只能在冬季生产，制曲周期长不利于加工的发展。四川省成都市调味品研究所从自然豆豉曲中分离出纯种毛霉，经过耐热驯化，定名为M.R.C－1号菌种，具有在25℃～27℃温度下生长迅速，菌丝旺盛，适应性强，蛋白酶、糖化酶等主要酶系活力高的特点，制成曲质量好，不受季节性限制，可以常年生产，制曲周期由15～21天缩短到3～4天。制成品感官、理化和卫生指标均能达到优质毛霉型豆豉的质量标准。

②纯种毛霉制曲 大豆蒸煮出锅，冷却至30℃，接种纯种毛霉种曲0.5%，拌匀后入室，装入已杀菌的簸箕内，厚3～5厘米，保持品温23℃～27℃培养。入室24小时左右豆粒表面有白色菌点，36小时豆粒布满菌丝略有曲香，48小时毛霉生长旺盛，

菌丝直立由白色转为浅灰色，孢子逐渐增多即可出曲，制曲周期3天。

③细菌制曲　山东水豉及一般家庭做豉大都采用细菌制曲。家庭小量制作时，大豆水煮，捞出沥干，趁热用麻袋包裹，保温密闭培养，3～4天后豆粒布满黏液，可牵拉成丝，并有特殊的豆豉味即可出曲。值得注意的是在干燥荒漠地区制作细菌型豆豉，有时会伴生肉毒杆菌，新疆地区曾发生多起食用家庭加工工艺细菌型豆豉产生肉毒杆菌中毒的事件。

5. 制醅发酵　豆豉制曲方法不同，产品种类繁多，制醅操作也随之而异，分别介绍如下：

(1) 米曲霉干豆豉

①水洗　目的在于洗去豆豉表面附着的孢子、菌丝和部分酶系。因为豆豉产品的特点要求原料的水解要有制约，即大豆中蛋白质、淀粉能在一定的条件下分解成氨基酸、糖、醇、酸、酯等以构成豆豉的风味物质，经过水洗去除菌丝和孢子可以避免产品有苦涩味。同时洗去部分酶系后，当分解到一定程度继续分解受到制约，使代谢产物在特定的条件下，在成型完整的豆粒中保存下来，不致因继续分解可溶物增多从豆粒中流失出来，造成豆粒溃烂，变形和失去光泽，因而能使产品保持颗粒完整，油润光亮的外形和特殊的风味。

将成曲倒入盛有温水的池中，洗去表面的分生孢子和菌丝，然后捞出装入筐中用水冲洗至成曲表面无菌丝和孢子，且脱皮甚少。整个水洗过程控制在10分钟左右，避免因时间过长豆豉曲吸水过多而造成发酵后豆粒溃烂。水洗后成曲水分在33％～35％。

②堆积吸水　洗后豆曲沥干、堆积，并向豆曲间断洒水，调整豆曲水分含量在45％左右。水分过大会使成品脱皮、溃烂、失去光泽，水分过少对发酵不利，成品发硬，不酥松。

③升温加盐　豆曲调整好水分后，加盖塑料薄膜保温，经过

6～7 小时的堆积，品温上升至 55℃，可见豆曲重新出现菌丝，具有特殊的清香气味，即可迅速拌入食盐。

④发酵　成曲升温后加入 18％的食盐，立即装入罐中至八成满，装时层层压实，盖上塑薄膜及盖面盐，密封置室内或室外常温处发酵，4～6 个月即可成熟。

⑤晾豉　将发酵成熟的豆豉分装在容器中，放置阴凉通风处晾干至水分在 30％以下即为成品。

（2）米曲霉调味水豆豉

①晾晒扬衣　将成曲置阳光下晾晒，使水分减少便于扬去孢子，避免产品有苦涩味，在晾晒过程中紫外线照射可以消灭成曲中的有害微生物，有利于制醅发酵。成曲晒干后扬去孢子备用。

②加调味料　取西瓜瓤汁与食盐、香精等混匀，加入晒干去衣的成曲拌匀，装入缸中置日光下，待食盐溶化，豉醅稀稠适度即可装坛。

③原料配比　大豆 100 千克，西瓜瓤汁 125 千克，食盐 25 千克，陈皮丝、生姜、茴香各适量。

④发酵　豉醅装坛后密封置室外阳光下发酵 40～50 天即可成熟，成品即西瓜豆豉。

以其他果汁或番茄汁代替西瓜瓤汁即为果汁豆豉、番茄汁豆豉。

（3）毛霉型豆豉

①拌料　将成曲倒入拌料池内，打散加入定量食盐、水，拌匀后浸闷 1 天，然后加入白酒，酒酿、香料等拌匀。

②发酵　将拌匀后的醅料装坛或浮水罐中，装时层层压实至八成满，压平盖塑料薄膜及老面盐后密封，用浮水罐装的不加老面盐，加上倒覆盖，罐缘加水，经常保持不干涸，每 7～10 天换 1 次水，以保持清洁，用浮水罐发酵的成品最佳。装罐后置常温处发酵 10～12 个月即可成熟。

③原料配比　大豆 100 千克，食盐 18 千克，白酒 3 千克

（50°以上）。酒酿 4 千克，水 6～10 千克（调整醅水分含量在
45％左右）。

（4）无盐发酵制醅　以上的发酵醅中均加入一定量的食盐，
起到防止腐败和调味的作用，由于醅中大量的食盐存在抑制了酶
的活力，致使发酵缓慢，成熟周期延长。采用无盐制醅发酵摆脱
了食盐对酶活力的抑制作用，发酵周期可以缩短到 3～4 天，同
时利用豆豉曲产生的呼吸热和分解热可以达到防止发酵醅腐败的
温度。

①米曲霉曲无盐发酵　成曲用温水迅速洗去豆粒表面的菌丝
和孢子，沥干入拌料池中洒入 65℃左右的热水至豆曲含水量为
45％左右。立即投入保温发酵罐中，上盖塑料薄膜后加盖面盐，
保持品温在 55℃～60℃，56～72 小时后，出醅、拌料并加入
18％的食盐，拌匀装罐或其他容器内，静置数日待食盐充分溶化
均匀即可。如无保温发酵容器，成曲拌入热水至含水量 45％左
右，并加入 4％的白酒（50°以上），加盖塑料薄膜及其他保温覆
盖物，会使堆积升温，56～72 小时后即可再拌入 18％的食盐，
加白酒的目的是预防自然升温产生腐败。

②毛霉曲无盐制醅　成曲测量水分，加 65℃热水至含水量
45％，加入配料中的白酒、酒酿，迅速拌匀，堆积覆盖自然升温
或入保温发酵容器中，保持品温 55℃～60℃，56～72 小时后，
加入定量食盐即得成品。

6. 包装　包装容器必须具有经济实用，造型美观，携带方
便，易于保存和食用方便的特点。豆豉包装有塑料袋、复合塑料
袋、纸筒内衬塑料袋的小包装和竹篓、瓦罐大包装，包装容器要
清洁卫生经过灭菌处理，包装时要注意清洁卫生、防止污染。

二、传统加工工艺

传统加工工艺是利用毛霉、曲霉或细菌蛋白酶的作用，发酵
分解大豆蛋白质达到一定程度后以加盐、酒、干燥等方法抑制酶
的活力，延缓发酵进程，让熟豆的一部分蛋白质和分解产物在特

定条件下保存下来，形成具有特殊风味的发酵食品。传统工艺质量不稳定，酶活力不高，发酵周期长，且生产受季节性限制。

1. 工艺流程

大豆→筛选→浸渍→蒸煮→摊冷→制曲→成曲→配料→翻拌→入池→熟化→成品

2. 操作要点

（1）筛选　大豆必须选用颗粒饱满，无霉变、无虫蛀、无伤痕的大豆。然后经淘洗再用清水浸泡，浸泡程度以豆粒表皮刚呈涨满，液面不出现泡沫为佳。取出沥干水分，同时再度用水反复冲洗，除净泥沙。

（2）蒸煮　浸泡后的大豆在常压下蒸煮，蒸至豆粒基本软熟（切勿太烂）。若加压蒸煮，可在压力为 98 千帕下蒸煮 30～40 分钟即可。

（3）制曲　豆豉原料制曲是使用豆豉毛霉菌种，曲室温度保持在 20℃～26℃，料在曲池的厚度约 5 厘米，约需 3 天左右曲料中菌丝密布，表面呈白色时，要翻曲一次，室内通风，翻后 3～4 天，菌丝又穿出曲面，通常制曲时间为 8～15 天左右。

（4）配料　出曲后，成曲要充分搓散。另外，将糯米制作成甜米酒。按配料加入盐、白酒、米酒的混合物，拌和均匀，务必使成曲充分沾湿。拌和时要精心操作，防止擦破豆粒表皮。

（5）熟化　拌料后 3 天内，至少每天倒翻一次，使辅料完全均匀吸收方可入池。入池后表面必须封盐，并定时检查堵缝。产品一般要经过约 40～50 天成熟。

3. 注意事项

（1）豆豉生产季节多在冬、春两季；

（2）拌料时注意不要擦破豆粒表皮，以免影响成品外观质量；

（3）入池熟化，料面必须封盐，注意检查堵缝。

三、新法加工工艺

若利用米曲霉发酵大豆，既克服了传统制作豆豉方法的不足，又使加工的成品豆豉颗粒松散，清香鲜美，有豆豉固有风味，且各项理化指标已超过传统方法加工的豆豉。

1. 工艺流程

大豆→筛选→浸渍→蒸煮→冷却拌粉→制曲→翻曲→发酵缸→豆醅→发酵→成品

2. 操作要点

（1）大豆筛选、蒸煮　同传统加工工艺。

（2）冷却拌粉　将蒸煮后的大豆摊开，适当蒸发一些多余水分。然后拌入面粉，拌匀。

（3）制曲　豆豉原料温度为 35℃～40℃ 时，接种 3.042 米曲霉，接种量为原料的 1%，拌匀后移入曲池。原料厚度一般为 20～30 厘米，堆积疏松平整，品温在 30℃ 左右恒温培养。其间每隔 1～2 小时通风 1～2 分钟，品温不得高于 35℃。入池 11～12 小时左右，菌丝结块，料层温度出现下低上高现象，品温升高，此时应即进行第一次翻曲。培养 8 小时后，须进行第二次翻曲。经 50 小时左右的恒温培养，曲料变成黄绿色，即为成曲。

（4）制醅发酵　将成曲转入发酵缸中，加入 50℃～55℃ 13% 食盐水拌盐水时要随时注意掌握水量大小，通常在醅料入缸最初加入盐水量略少，以后逐步加大水量，盐水量要求为原料总量的 65%～100%。再加入生姜、花椒面、小茴香及适量的混合辛香料，拌匀，摊平。然后在豆醅面封盐，豆醅品温要求为 42℃～50℃，发酵 4～8 天后即成豆豉。

3. 注意事项

（1）发酵方法为低盐固态发酵、菌种为 3.042 米曲霉，在制曲时品温不得高于 35℃；

（2）应注意盐水浓度和控制醅用盐水温度，制醅盐水量要求底少面多，控制好发酵温度；

（3）用米曲霉发酵生产豆豉，不但发酵时间及生产周期大为缩短，而且突破了季节性限制，减轻了劳动强度，用米曲霉制曲，且低盐固态发酵法给米曲霉的生产，产酶及酶的作用创造了适宜的条件，因而使大豆中的蛋白质和淀粉得到了较好的分解。

四、特色豆豉的加工工艺

1. 水豆豉　水豆豉主要是由有益细菌发酵而成，口味鲜美馨香，而易于被消化吸收，营养丰富，可以直接佐餐或用作调料品。这种水豆豉是四川省的特产，历史悠久，为消费者所喜爱。

（1）工艺流程

香辛料＋食盐＋豆水－
　　　　　　　　　↓
大豆→去杂→清洗→浸泡→蒸煮→沥干→堆积保温→细菌发酵→豉醅→混合→灭菌→成品豆水

（2）操作要点　大豆经去杂清洗后加水浸泡到豆粒能分离、无皱纹为止，沥干，在锅中蒸熟后将大豆取出淋干，将淋出的豆卤收集后与蒸豆卤水合并，并加入食盐备用。将沥干的熟大豆，堆积在清洁的容器中，由于细菌（主要为小球菌及杆菌）酶的作用，分解原料中的蛋白质，同时由于呼吸热及分解热的作用和积聚，堆积温度上升至 50℃ 上下，在此温度下（大部分细菌处在生长不利的条件下），迅速形成这一产品所特有的黏液及特殊气味。经发酵一定的时间后，加入豆卤及香辛料，混合均匀后，再加热灭菌，即为水豆豉成品。

2. 西瓜豆豉的加工工艺　开封西瓜豆豉是在酿制咸豉的基础上，用西瓜瓤汁拌醅更新工艺而得名的。尤其近百年来对工艺技术不断地丰富提高，西瓜豆豉早就成为独具一格特定的佐食调味佳品，据说在清代曾博得"香豉"之美称。开封素称"西瓜之乡"，为西瓜豆豉的生产提供了良好的物质条件，每逢旺季当地群众也喜欢家庭酿制西瓜豆豉。西瓜豆豉的生产是以精选上等黑豆、面粉、优质品种西瓜为原料，利用天然煮曲、西瓜瓤汁拌醅，伏前入缸，经天然发酵酿制而成。

（1）工艺流程

西瓜瓤汁＋食盐＋小茴香＋生姜——

大豆→浸泡→蒸煮→出锅→冷却→加种曲、混合→制曲→晒干→入缸发酵→成品

（2）原料及配比　大豆 100 千克，西瓜瓤汁 170 千克，面粉 75 千克，食盐 20 千克，陈皮丝 0.14 千克，小茴香 0.14 千克，生姜 3.4 千克。

（3）操作要点　选用上等大豆，去杂后，加水浸泡到一定程度，沥干。在常压蒸煮锅中蒸煮 1～2 小时，出锅后，拌入面粉及米曲霉菌种，移至曲室，放入竹匾或木盘中制曲。采用厚层通风制曲，制曲时间 3 天，在制曲过程中翻曲 1～2 次，保持品温在 30℃～35℃之间。成曲虽然比 2 日曲含水量少，但仍须将成曲晒干后进行发酵。发酵前先将成曲的块子揉散成小粒块，拌入已准备好的辅料，并与成曲混合均匀后进行保温发酵，品温 40℃～45℃。发酵至 40～45 天时，要定期翻豉数次，以保持上下品温的一致。发酵至数月，豆豉成熟，即成色香味美的特色西瓜豆豉。

3. 齐鲁名吃——唯一斋八宝豆豉的加工工艺　八宝豆豉选用沂蒙山区的特产大黑豆、茄子、鲜姜、杏仁、紫苏叶、鲜花椒，香油和白酒 8 种原料酿制而成。故称"八宝"豆豉。据有关部门分析鉴定，八宝豆豉中除含有谷氨酸、赖氨酸、天门冬氨酸等 8 种人体所需要的氨基酸外，同时，还有滋补、治疗各种疾病的功效。

（1）工艺流程

茄子＋鲜花椒＋紫苏叶＋杏仁＋鲜姜＋食盐→辅料加工——

大黑豆→蒸煮→制曲→晒干→洗净→晾干→原料配制→装坛封闭→成品
水　　　　　　　　　　　　　　　　水香油、白酒

（2）原料配方（％）　大黑豆 32.8，茄子（去把）41，鲜花椒 0.9，紫苏叶 0.9，鲜姜 3.2，杏仁 1.6，香油 9.8，白酒 9.8，

另外加盐 8.2。

（3）操作要点

①主料制曲　将大黑豆加上适量的水煮熟，捞出后放在席上晾去浮水，运至制曲室内堆积制曲，约 7 天时间，待豆子长满真菌即可。然后将豆子放在席上晾干，把黄霉菌搓掉、扬净，再用凉透的开水浸泡扬净的豆子，至恢复煮熟时的豆子原状时，捞出放在席上晾干，保持豆子水分在 30％左右。

②辅料加工　取已去把茄子，加入食盐（每 50 千克茄子约加 4 千克）将茄子搓倒，放在缸内腌制，每天翻缸一次，连续翻缸 10 天。取鲜花椒、紫苏叶、鲜姜放入适量的盐，各自腌好备用。将杏仁米放入锅内煮至能搓掉皮，然后取出，用开水浸泡，把皮搓掉。

③原料调拌配制　将腌制好的茄料从缸内捞出，装入布袋压干。把加工好的黑豆放入缸内，用压出的茄水浸泡 15 分钟后，倒入香油、白酒，再加入压干的茄料及加工好的杏仁米、鲜花椒、紫苏叶、鲜姜，全部拌匀配好。

④装坛封闭　将拌匀配制好的各种料子分装入小口坛（大坛亦可）内，用 12 张桑皮纸，涂上血料扎住坛口，再在坛口上扣一个碗，用泥将坛口封严。

⑤发酵成品　封坛以后，春秋季在阳光下晒，夏季可放在阴凉处，进行自然发酵，但要勤挪动坛子，约经 12 个月，即可为成品。

第三节　豆豉的质量标准

豆豉的质量执行 SB82－1980 标准，本标准适用于以大豆为原料加工的豆豉，各项要求见表 7－1、表 7－2、表 7－3。

表 7—1 豆豉的感官指标

项 目	指 标
色泽	黄褐色或黑褐色
香气	具有豆豉特有的香气
滋味	鲜美、咸淡适口、无异味
体态	颗粒状、无杂质

表 7—2 豆豉的理化指标

项 目	豆 豉	干 豆
水分含量/（克/100 克）	≤45.00	≤20.00
总酸（以乳酸计）含量/（克/100 克）	≤2.00	≤3.00
氨基酸态氮（以氮计）含量/（克/100 克）	≥0.60	≥1.20
蛋白质含量 2（克/100 克）	≥20.00	≥35.00
食盐（以氯化钠计）含量/（克/100 克）	12.00	—
铅（以铅计）含量/（克/100 克）	≤1.0	≤1.0
砷（以砷计）含量/（克/100 克）	≤0.5	≤0.5
添加剂含量	按添加剂标准执行	
黄曲霉毒素含量	按黄曲霉毒素标准执行	

表 7—3 豆豉的微生物指标

项 目	指 标
大肠菌群近似值/（个/100 克）	≤30
致病菌	不得检出

第八章 纳豆的加工工艺

第一节 概 述

纳豆是传统的大豆发酵制品，有时也被称为日本拉丝豆豉，在日本北方已有 1000 余年的历史。纳豆产品主要特征为黏糊状、味甜且有特征的氨味，通常在食用前拌酱油和芥末。纳豆在印度尼西亚和泰国亦有生产。

近年来，由于其特殊生理功能的发现，特别其纤溶功能，使它成为研究的热点。许多学者已经证明纳豆中一些物质能帮助人体抵抗某些疾病或具有一些重要的生理作用。如 $C_{30} \sim C_{32}$ 的饱和烃可能具有抗癌活性；有两类具有抑制血管紧张素转换酶作用的物质，因此纳豆在人体内可能具有抗高血压的效果。

纳豆生理功能研究归纳为以下几个方面：

1. 抗癌作用 通过体外细胞培养的实验，揭示了纳豆中含有的抗癌活性物质是一个直链 $C_{30} \sim C_{32}$ 的饱和烃，其中三十一碳烃在纳豆中含量最多，活性也最高。每克纳豆中含 38.5~229.1 克染料木素，71.7~492.8 克染料木苷，其中染料木素是抗癌的主要活性成分，因此常食纳豆可有效降低癌症发生率。

2. 抗氧化性 Hattori 用两种方法研究纳豆中抗氧化剂的粗提取物的抗氧化效果，一种是抑制不饱和脂肪酸氧化的能力，另一种是防止异丙基苯过氧化物导致的人体内皮细胞的细胞损伤的能力。发现纳豆粗抗氧化提取物对不饱和脂肪酸和细胞显示的抗氧化效果与相同质量的 α—生育酚相当或更好。

3. 溶血栓性 纳豆中起溶血栓作用的物质为纳豆激酶（简称

NK)。将 NK 给病人服用，观察血中尤球蛋白溶解时间（ELT）、尤球蛋白的纤溶活性（EFA）以及纤维蛋白降解产物（FOP）的变化。发现 ELT 大大降低而 EFA 提高，且在口服后第 4 天达到最高，并可维持到第 8 天；同时 FOP 在口服后第 1 天即迅速达到最高值。可见 NK 不仅作用迅速，而且疗效时间长。

同其他溶血栓药物相比，NK 具有以下几个优点：

（1）由食品纳豆中提取，安全性好；

（2）质量相对密度小，更易被人体吸收；

（3）可以由消化道吸收，因此可以成为第一个口服性溶血栓药物；

（4）直接作用于纤维蛋白，而不像尿激酶等现有药物，是纤溶酶原的激活剂，因此作用迅速；

（5）可以利用细菌发酵生产，因此造价低廉。

4. 降血压　纳豆中含有血管紧张肽转化酶抑制剂，尤以纳豆周围的黏稠物质中含量高。这种抑制剂有水溶性和醇溶性两种，其中水溶性抑制剂为高质量相对密度的蛋白质，$IC50$ 为 12 毫克/毫升。醇溶性抑制剂为低质量相对密度物质，具有两种形态，抑制作用强于水溶性抑制剂，$IC50$ 为 0.53 毫克/毫升和 0.95 毫克/毫升。其 pH 值稳定性和温度稳定性都很好。

5. 维生素 K 与骨疏松症及促凝血作用　纳豆含有丰富的维生素，包括维生素 B_2、维生素 B_6、维生素 B_{12}、维生素 E 以及维生素 K。在纳豆中维生素 K 分为维生素 K_1 和维生素 K_2 两种，其中维生素 K_1 包含于纳豆本身，不溶于水；而维生素 K_2 存在于纳豆外面的黏性物质中，溶于水。

含 γ－羧基谷氨酸（Gla）的蛋白，可在骨的微粒体中合成，蛋白通过 Gla 与羟基磷灰石结合，因而被认为在骨石灰的分配中有重要影响。而含 Gla 蛋白的存在与维生素 K 有很大关系。维生素 K 的另一个作用是合成与血液凝固有关的蛋白的必需因子。值得注意的是血栓的形成并非维生素 K 过剩所致，而是因为血液凝固亢进及纤溶活性低下造成的。

6. 抗致病菌　常食纳豆可起到健身防病的功效。纳豆菌可产生许多抗生素，如杆菌肽、多黏菌素、2，6－吡啶二羧酸等。在抗生素使用前，纳豆在民间已被长期用于治疗痢疾、伤寒等消化道疾病。此外，由于纳豆菌营养要求不高，可在小肠中繁殖，对调节肠道菌群微生态平衡起到重要作用。但是，纳豆有一股特殊的味道，未必为我国人民接受，因而需进行一定的改进。韩国在这方面已做了许多工作，如加入大蒜、胡椒等调味品，改善了纳豆的口味，且对纳豆所含的功能性物质影响不大。

第二节　纳豆生产中的微生物学和生物化学

一、纳豆生产中的微生物学

纳豆是细菌型发酵的大豆制品，它的生产主要利用的微生物是枯草芽孢杆菌属中的细菌，Sawamura 将从纳豆中筛选出的杆菌命名为纳豆杆菌。Muto 发现纳豆杆菌属于枯草芽孢杆菌，为需氧型革兰阳性菌。后来许多新的适用于生产纳豆的枯草芽孢杆菌被培育和应用。

二、纳豆发酵过程中的生物化学变化

多数日本人认为纳豆是营养丰富、易于消化的食品，这主要是因为发酵使大豆中许多成分降解以及纳豆杆菌产生的各种酶的作用。

芽孢杆菌属的一个显著特点是能分泌各种胞外酶，包括蛋白酶、淀粉酶、γ－谷氨酸转肽酶（GTP）、果聚糖蔗糖酶和植酸酶。纳豆杆菌即可分泌大量的胞外酶，如其分泌的蛋白酶和γ－GTP的活性分别为其他枯草芽孢杆菌的 $15\sim20$ 倍和 80 倍。

发酵过程中，由于纳豆杆菌的生长，其分泌的各种酶能催化许多化学反应，产生特有的黏性物质、风味和气味。其黏性物质包括多糖和γ－多聚谷氨酸。形成特有的风味和气味物质包括 3

一羟基－2－丁酮、2，3－丁二醇、乙酸、丙酸、异丁酸、2－甲基酪酸和3－甲基酪酸。纳豆杆菌分泌许多种酶包括蛋白酶、淀粉酶、γ－谷氨酸转肽酶（GTP）、果聚糖蔗糖酶和植酸酶。

发酵过程中，脂肪和纤维变化不明显，脂肪酸的组成亦变化不大，说明纳豆中没有脂肪酶。在发酵过程中，可溶性糖几乎完全消失，从第8小时后，蔗糖、棉子糖和水苏糖的含量开始下降，同时，葡萄糖、蜜二糖、三聚甘露糖和少量的果糖被释放出来。葡萄糖和果糖在14小时内完全被利用，而蜜二糖、三聚甘露糖和剩余的水苏糖几乎没有变化，葡萄糖及蒸煮大豆中的主要的有机酸——枸橼酸降解很快，它们是纳豆杆菌的碳源。

第三节　纳豆的加工工艺

1. 工艺流程　纳豆的发酵相对简单，仅需要一种微生物——纳豆杆菌，其传统生产和现代化加工的工艺如下所示。

大豆→清洗→浸泡过夜→蒸煮→沥干→冷却→

→ { →稻草包裹→装盘→发酵→纳豆成品
　　→接种、装盒→培养→后熟→纳豆成品

2. 操作要点

（1）原料选择　圆而小且富含可溶性糖的黄豆是生产纳豆的理想原料，小粒豆具有较大的表面积，因而吸水快，蒸煮时间短，微生物可快速生长。可溶性糖可作为纳豆菌最初的碳源和能源，其含量高有利于微生物的生长，并使最终产品带有甜味。

（2）原料的处理　大豆清洗后用3倍（质量分数）的水浸泡过夜（室温15℃），在121℃下蒸煮25～30分钟，沥干，冷却到40℃。

大豆的蒸煮条件是控制在0.15兆帕压力下，随着时间延长其硬度逐渐降低，蒸煮不到30分钟的纳豆带蓝色，而超过30分钟会变红。当蒸煮30～40分钟时，所需的发酵时间最短，而样品中纳豆杆菌的含量最高。

最佳的大豆蒸煮时间为 30～40 分钟，其主要原因是大豆中的蛋白酶和 γ一谷氨酸转肽酶的酶活、可溶性氮的百分比以及黏性物质的拉丝性通常随蒸煮时间延长而增加，30 分钟时达到峰值，随后又有所下降。此外，蒸煮前浸泡时间和浸泡 pH 值对纳豆的品质也有影响。

（3）接种 现代接种法是在 60 千克大豆中接入 5～10 毫升培养液再装盘，最佳接种量为大豆量的 1%～3%。在 pH 值 7.0、NaCl 浓度 2%，40℃下培养，0～4 小时为纳豆芽孢杆菌的延滞期，4～14 小时为对数生长期，14～20 小时为稳定期，20 小时后为衰退期，所以纳豆菌的最佳接种种龄是 14～20 小时。一般为 40℃、14～20 小时或 38℃、20 小时，后熟为 5℃、24 小时。

（4）发酵 发酵有自然接种和人工接种两种方法。自然接种是将蒸煮好的大豆用稻草包好，放于木盘中。稻草的作用是提供枯草芽孢杆菌，并吸收发酵放出的氨味，给纳豆提供风味。过度发酵会产生氨，这不仅会影响纳豆的风味，而且会破坏纳豆杆菌，促进其他微生物的生长。

（5）贮藏 与其他的无盐发酵食品（如天培）一样，纳豆易变质，其品质劣化取决于贮藏温度和时间。在 5℃条件下贮藏 15 天，其气味和外观没有任何劣化的迹象。但在 15℃和 25℃条件下分别贮藏 4 天和 2 天即产生氨味，再分别贮藏 7 天和 2 天后，品质完全变坏，再继续贮藏，纳豆表面会产生一层白色的沉积物，主要是劣化过程中产生的酪氨酸和磷酸镁铵。

除冷藏外，干燥是另一种提高纳豆保藏品质的有效方法，将新鲜的纳豆在低温下干燥到含水量低于 5%，然后将其粉碎成粉末，可用于点心或汤料中作为配料。

参考文献

[1] 殷涌光，刘静波主编．大豆食品生产工艺学．北京：化学工业出版社，2006

[2] 石彦国主编．大豆制品工艺学（第二版）．北京：中国轻工业出版社，2005

[3] 李里特主编．大豆加工与利用．北京：化学工业出版社，2004 年 6 月；

[4] 江洁、王文侠、栾广忠．大豆深加工技术．北京：中国轻工业出版社，2004

[5] 吴加根主编．谷物与大豆食品工艺学．北京：中国轻工业出版社，1997

[6] 王凤翼、钱方等．大豆蛋白质生产与应用．北京：中国轻工业出版社 2004

[7] 崔洪斌主编．大豆生物活性物质的开发与应用．北京：中国轻工业出版社，2001

[8] 郑建仙主编．现代功能性粮油制品开发．北京：科学技术文献出版社，2003

[9] 刘大川、苏望懿．食用植物油与植物蛋白．北京：化学工业出版社，2001

[10] 崔洪斌主编．大豆异黄酮——活性研究与应用．北京：科学出版社，2005

[11] 毛跟年、许牡丹主编．功能食品生理特性与检测技术．北京：化学工业出版社，2005

[12] 赵晋府主编．食品工艺学（第二版）．北京：中国轻工业出版社，2004

[13] 李里特主编．食品原料学．北京：中国农业出版

社，2001

[14] 钟耀广主编．功能性食品．北京：化学工业出版社，2004

[15] 凌关庭主编．保健食品原料手册．北京：化学工业出版社，2003

[16] Norman N. Potter, Joseph H. Hotchkiss 著．王璋等译，食品科学（第五版）．北京：中国轻工业出版社，2001

[17] 李里特主编．粮油贮藏加工工艺学．北京：中国农业出版社，2002

[18] 温辉梁主编．保健食品加工技术与配方．南昌：江西科学技术出版社，2002

[19] 顾维雄主编．保健食品．上海：上海人民出版社，2001

[20] 王福源主编．现代食品发酵技术．北京：中国轻工业出版社，2003

[21] 陈仁惇．营养保健食品．北京：中国轻工业出版社，2001

[22] 郑建仙．功能性食品（第一卷）．北京：中国轻工业出版社，1999

[23] 郑建仙．功能性食品（第二卷）．北京：中国轻工业出版社，1999

[24] 王放，王显伦主编．食品营养保健原理及技术．北京：中国轻工业出版社，1998

[25] 唐传核．植物功能性食品．北京：化学工业出版社，2004

[26] 周显青主编．食用豆类加工与利用．北京：化学工业出版社，2003

[27] 张水华，刘耘主编．调味品加工工艺学．北京：华南理工大学出版社，2000

[28] 蔺毅峰主编．食品工艺实验与检验技术．北京：中国轻

工业出版社，2005

　[29] 方继功. 酱类制品生产技术. 北京：中国轻工业出版社，1997

　[30] 康明官. 中外著名发酵食品加工工艺手册. 北京：化学工业出版社，1997

　[31] 上海酿造科学研究所. 发酵调味品生产技术（修订版）. 北京：中国轻工业出版社，1999

　[32] 郑友军主编. 新版调味品配方. 北京：中国轻工业出版社，2002

　[33] 郑友军主编. 调味品加工工艺与配方. 北京：中国轻工业出版社，1999

　[34] 王福源主编. 现代食品发酵技术. 北京：中国轻工业出版社，2003

　[35] 沈建福主编. 粮油食品工艺学. 北京：中国轻工业出版社，2002